21世纪应用型本科院校规划教材

高等数学学习指导与练习（上）

第3版

南京工业大学数学系 编著

南京大学出版社

图书在版编目(CIP)数据

高等数学学习指导与练习. 上 / 南京工业大学数学系编著. —3 版. —南京: 南京大学出版社, 2018.8(2023.9 重印)

21 世纪应用型本科院校规划教材

ISBN 978-7-305-20919-2

Ⅰ. ①高… Ⅱ. ①南… Ⅲ. ①高等数学－高等学校－教学参考资料 Ⅳ. ①O13

中国版本图书馆 CIP 数据核字(2018)第 206404 号

出版发行　南京大学出版社
社　　址　南京市汉口路 22 号　　　　邮编　210093
出 版 人　王文军

书　　名　高等数学学习指导与练习(上)(第 3 版)
编　　著　南京工业大学数学系
责任编辑　朱彦霖　刘　灿　　　　编辑热线　025-83597482

照　　排　南京开卷文化传媒有限公司
印　　刷　广东虎彩云印刷有限公司
开　　本　787×1092　1/16　印张 14.75　字数 341 千
版　　次　2018 年 8 月第 3 版　2023 年 9 月第 9 次印刷
ISBN　978-7-305-20919-2
定　　价　36.00 元

网　　址:http://www.njupco.com
官方微博:http://weibo.com/njupco
官方微信号:NJUyuexue
销售咨询热线:(025)83594756

前 言

高等数学是理工科大学生最重要的基础课程之一. 随着高等数学 B 层次的教学班级的增加，无论是从课堂教学，还是学生课外的自学、练习来看，都需要一本课外学习指导与练习. 这样不仅能加深学生对所学课程内容的理解，而且可以提高学生分析问题、解决问题的能力. 为了达到这个目标，我们编写了这本《高等数学学习指导与练习》(第 3 版).

本学习指导与练习分为上、下两册. 在指导与练习编写过程中着眼于以下几个方面：首先，强化学生对高等数学课程中的概念与基本方法的理解. 对课程内容没有清晰理解的学习方式是没有发展潜力的，解题只是学习课程知识和巩固课堂教学的一种手段，它不是学习过程的全部替代；其次，注重课程知识的应用性问题. 在每章典型例题中，我们尽量安排一些应用性题型，并在每章单独设置"应用案例"一节，期望以应用案例的讲解打开学生的"眼界"，使学生认识到哪怕是高等数学这样的基础理论课程，在实际问题中也有非常广泛而重要的应用；此外本书还特别注意练习、自测与模考题的实用性和针对性. 例如在练习部分，我们首先强调的是基本练习题型的配置，但同时兼顾一定比例的综合性练习，甚至有少数难度适中的考研题型.

本书每章内容可大致分为"学习指导"与"练习测试"两大部分. 在"学习指导"部分又具体分为"内容提要""典型例题分析和求解"及"应用案例"三节；而"练习测试"部分则包括"练习题"和"自测题"两节. 并在每章后给出"练习与自测题答案". 此外，在上、下册最后各附了五套"模拟试卷".

"内容提要"部分对每章内容进行了总结，便于学生进行复习回顾，对整章内容有一个整体的认识；"典型例题分析与求解"部分通过对每章的典型例题进行分析，总结解题方法和步骤，以巩固、扩展和深化课堂教学，同时减少学生在日常学习中可能出现的困难. 而"应用案例"部分基本属于学生自学内容，增加这一部分是为了使学生了解数学理论、方法在实际问题中的应用. 希望通过案例的教学，使学生看到与过去教学所不同的方面，激发学生学习数学课程的兴趣；"练习题"部分包含各章学生应完成的作业，起到检查督促的作用. 而后通过"自测题"部分对自己的掌握情况进行检验. "模拟试卷”部分共包含五套试题,供学生在学期期末考试前进行自我检查.

本学习指导与练习是一线教师共同努力的结果,本书第2版由南京工业大学数学系邵建峰、程浩、刘彬、王天荆、孙大飞、刘浩、石玮等老师共同编写.在第2版的基础上,2018年数学系统一组织修订,是为第3版.由于编写时间仓促,其中若有错漏或不妥之处,还望使用本书的读者批评指正.

南京工业大学　数学系

2018年5月

目 录

第一章　函数与极限

第一节　内容提要

一、映射与函数

1. 函数的定义:数集到数集上的映射称为函数,记作 $y=f(x)$,$(x\in D)$. 自变量 x 的变化域 D 称为函数的定义域,而相应的因变量 y 的变化域称为函数的值域.

函数的两要素:对应关系 f 和定义域 D.

2. 复合函数的定义:由 $y=f(u)$,$u=\varphi(x)$ 复合而成的函数 $y=f[\varphi(x)]$,称为由此二函数复合而成的复合函数.

3. 反函数:若由函数 $y=f(x)$ 得到 $x=\varphi(y)$,称 $x=\varphi(y)$ 是 $y=f(x)$ 的反函数,又可记为 $y=f^{-1}(x)$.

4. 函数的几种特性:有界性、单调性、奇偶性、周期性.

5. 初等函数:幂函数、指数函数、对数函数、三角函数、反三角函数称为基本初等函数.由常数及基本初等函数经过有限次四则运算和复合步骤所构成,并可用一个式子表示的函数,称为初等函数.

我们研究的函数大多数是初等函数,但是也可能碰到例如像取整函数 $y=[x]$,符号函数 $y=\mathrm{sgn}(x)$ 等这样的非初等函数.

二、极限的概念

1. 数列极限:$\lim\limits_{n\to\infty}x_n=a\Leftrightarrow\forall\varepsilon>0,\exists N$,当 $n>N$ 时,$|x_n-a|<\varepsilon$.

几何解释:对于任意的正数 ε,都存在 N,当 $n>N$ 时,所有的点 x_n 都落在 a 的邻域 $(a-\varepsilon,a+\varepsilon)$内,而只有至多 N 个点在这个区间外.

2. 函数极限

(1) $x\to x_0$ 时函数的极限

定义:$\lim\limits_{x\to x_0}f(x)=A\Leftrightarrow\forall\varepsilon>0,\exists\delta>0$,当 $0<|x-x_0|<\delta$ 时,$|f(x)-A|<\varepsilon$.

几何解释:对于任意的正数 ε,都存在点 x_0 的一个邻域 $(x_0-\delta,x_0+\delta)$,当 x 在邻域 $(x_0-\delta,x_0+\delta)$ 内,但 $x\neq x_0$,这时函数值 $f(x)$落在 A 的 ε 邻域 $(A-\varepsilon,A+\varepsilon)$ 内.

(2) $x\to\infty$时函数的极限

定义:$\lim\limits_{x\to\infty}f(x)=A\Leftrightarrow\forall\varepsilon>0,\exists X>0$,当 $|x|>X$ 时,$|f(x)-A|<\varepsilon$.

几何解释:对于任意的正数 ε,都存在正数 X,当$|x|>X$ 时,函数值 $f(x)$落在 A 的 ε 邻域$(A-\varepsilon,A+\varepsilon)$内.

(3) 单侧极限

左极限：$\lim\limits_{x\to x_0^-}f(x)=A\Leftrightarrow\forall\varepsilon>0,\exists\delta>0$,当$-\delta<x-x_0<0$时，$|f(x)-A|<\varepsilon$.

右极限：$\lim\limits_{x\to x_0^+}f(x)=A\Leftrightarrow\forall\varepsilon>0,\exists\delta>0$,当$0<x-x_0<\delta$时，$|f(x)-A|<\varepsilon$.

且有,函数极限 $\lim\limits_{x\to x_0}f(x)$ 存在的充要条件为：

$$\lim_{x\to x_0^-}f(x)=\lim_{x\to x_0^+}f(x)=A\Leftrightarrow\lim_{x\to x_0}f(x)=A.$$

三、极限的性质

1. 数列极限的性质

(1) 唯一性:若数列$\{x_n\}$收敛,则极限唯一.

(2) 有界性:若数列$\{x_n\}$收敛,则数列$\{x_n\}$有界.

(3) 保号性:若 $\lim\limits_{n\to\infty}x_n=a>0(<0)$，则存在正整数 N,当 $n>N$ 时，$x_n>0(<0)$.

(4) 收敛数列与其子数列间的关系:若数列$\{x_n\}$收敛于 a,则它的任一子数列也收敛于 a.

2. 函数极限的性质

(1) 唯一性:如果 $\lim f(x)$ 存在,则极限唯一.

(2) 局部有界性:若 $\lim f(x)=A$，则必存在 x_0 的某一去心邻域(或 $\exists X>0$，$|x|>X$)，函数 $f(x)$在其内有界.

(3) 局部保号性:若 $\lim f(x)=A>0(<0)$，则必存在$\delta>0$，　使得当$0<|x-x_0|<\delta$时,函数 $f(x)>0(<0)$.

(4) 函数极限与数列极限的关系:若 $\lim\limits_{x\to x_0}f(x)$ 存在,$\{x_n\}$为任一收敛于 x_0 的数列,且满足 $x_n\neq x_0$，那么对应的函数值数列$\{f(x_n)\}$必收敛,且 $\lim\limits_{n\to\infty}f(x_n)=\lim\limits_{x\to x_0}f(x)$.

3. 极限运算法则

(1) 四则运算法则:如果 $\lim f(x)=A,\lim\ g(x)=B$，　则 $\lim[f(x)\pm g(x)]=A\pm B;\lim[f(x)\cdot g(x)]=A\cdot B;\lim\left[\dfrac{f(x)}{g(x)}\right]=\dfrac{A}{B}$，　$B\neq 0$.

(2) 复合运算法则:若 $\lim\limits_{x\to x_0}\varphi(x)=a$，且在 x_0 的某去心邻域内 $\varphi(x)\neq a,\lim\limits_{u\to a}f(u)=A$，则 $\lim\limits_{x\to x_0}f[\varphi(x)]=A$.

四、无穷小与无穷大

1. 无穷小定义:以零为极限的变量叫作无穷小.

2. 无穷小的比较

(1) 定义:设 α 和 β 是在自变量相同变化趋势下的无穷小，若

① $\lim\dfrac{\alpha}{\beta}=0$，则称 α 较 β 高阶的无穷小，　记为 $\alpha=o(\beta)$；

② $\lim \frac{\alpha}{\beta} = \infty$，则称 α 较 β 低阶的无穷小；

③ $\lim \frac{\beta}{\alpha} = c \neq 0$ 时，　称 α 和 β 同阶. 特别当 $c=1$ 时，称 α 和 β 等价，记为 $\alpha \sim \beta$.

(2) 等价无穷小替换定理：若 $\alpha \sim \alpha'$，$\beta \sim \beta'$，则 $\lim \frac{\alpha}{\beta} = \lim \frac{\alpha'}{\beta'}$. 还有其它几种替换结论的形式

$$\lim \frac{\alpha}{\beta} = \lim \frac{\alpha'}{\beta} = \lim \frac{\alpha}{\beta'}.$$

(3) 几个常用的等价无穷小：当 $x \to 0$ 时，

$\sin x \sim x$　　$\tan x \sim x$　　$\arcsin x \sim x$　　$\arctan x \sim x$

$\ln(1+x) \sim x$　　$e^x - 1 \sim x$　　$1 - \cos x \sim \frac{1}{2}x^2$　　$(1+x)^{\frac{1}{n}} \sim \frac{x}{n}$

3. 无穷大

(1) 定义：$\forall M > 0, \exists \delta > 0$（或 $X > 0$,）当 $0 < |x - x_0| < \delta$（或 $|x| > X$）时，$|f(x)| > M$ 成立，则称 $f(x)$ 是当 $x \to x_0$（或 $x \to \infty$）时的无穷大.

(2) 无穷大与无穷小的关系：倒数关系，即若 $f(x) \to \infty$，则 $\frac{1}{f(x)} \to 0$；若 $f(x) \to 0$（且 $f(x) \neq 0$），则 $\frac{1}{f(x)} \to \infty$.

五、极限存在的准则与两个重要极限

1. 准则Ⅰ：夹逼法则

(1) 若 $y_n \leqslant x_n \leqslant z_n$，且 $\lim\limits_{n\to\infty} y_n = \lim\limits_{n\to\infty} z_n = a$，则 $\lim\limits_{n\to\infty} x_n = a$.

(2) 若 $\varphi(x) \leqslant f(x) \leqslant g(x)$，且 $\lim \varphi(x) = \lim g(x) = A$，则 $\lim f(x) = A$.

2. 准则Ⅱ：单调有界数列，必存在极限.

3. 两个重要极限

(1) $\lim\limits_{x\to 0} \frac{\sin x}{x} = 1$.　　(2) $\lim\limits_{x\to\infty} \left(1 + \frac{1}{x}\right)^x = e$，或者 $\lim\limits_{x\to 0} (1+x)^{\frac{1}{x}} = e$.

六、函数连续性

1. 函数连续性的定义：若 $\lim\limits_{x\to x_0} f(x) = f(x_0)$ 成立，则称函数 $f(x)$ 在点 x_0 连续；若函数 $f(x)$ 在某区间上每一点都连续，则称函数在此区间上连续.

2. 间断点及其分类

(1) 定义：函数 $f(x)$ 在 x_0 不连续，则称 x_0 为函数 $f(x)$ 的间断点.

(2) 分类：间断点分为两大类：

第一类间断点即左右极限都存在的间断点，又分为可去间断点和跳跃间断点.

第二类间断点即除第一类间断点以外的其它间断点.

(3) 连续函数的运算性质：连续函数的和、差、积、商及复合函数皆为连续函数.

(4) 初等函数的连续性:一切初等函数在其定义区间内连续.

(5) 闭区间上连续函数的性质:

① 闭区间上的连续函数一定有最大值和最小值,从而具有有界性质;

② 满足介值定理和零点定理.

第二节 典型例题分析与求解

一、函数及其运算

例 1 求函数 $y=\arcsin\frac{2x-1}{7}+\frac{\sqrt{2x-x^2}}{\ln(2x-1)}$ 的定义域.

分析 同学们应该牢记基本初等函数的定义域,特别是反三角函数的定义域.这个问题主要考察几类基本初等函数的定义域.

解 要使函数有意义,则

$$\begin{cases}-1\leqslant\frac{2x-1}{7}\leqslant 1\\ 2x-1>0\\ 2x-1\neq 1\\ 2x-x^2\geqslant 0\end{cases},解得\begin{cases}-3\leqslant x\leqslant 4\\ x>\frac{1}{2}\\ x\neq 1\\ 0\leqslant x\leqslant 2\end{cases}.$$

即所求函数的定义域为 $\{x\mid\frac{1}{2}<x\leqslant 2,x\neq 1\}$.

例 2 设 $f(\ln x)=x^3\ln(x+\sqrt{a+x^2})(a>0)$,求 $f(x)$.

分析 求解这类题目的基本方法有三种:(1) 凑变量法;(2) 变量代换法;(3) 解方程组法.一般说来凑变量法和变量代换法适合求解仅有一项含有函数 f 的等式,而解方程组法通常用来求解有多项含有函数 f 的等式.

本题只有等式左端一项含有函数 f 的等式,故可以利用凑变量法和变量代换法求解.凑变量法一般适合较为简单的问题,变量代换法适合求解一般的问题.这里我们将利用这两种方法分别去求解函数 $f(x)$.

解法一:凑变量法.因为 $f(\ln x)=x^3\ln(x+\sqrt{a+x^2})$,有

$$f(\ln x)=e^{3\ln x}\ln(x+\sqrt{a+e^{2\ln x}})$$

则

$$f(x)=e^{3x}\ln(x+\sqrt{a+e^{2x}})$$

解法二:变量代换法.令 $u=\ln x$,则 $x=e^u$,代入原等式,得

$$f(u)=e^{3u}\ln(a+\sqrt{a+e^{2u}})$$

再将 u 替换为 x，从而有

$$f(x)=e^{3x}\ln(x+\sqrt{a+e^{2x}})$$

例 3　证明：定义在对称区间上的函数 $f(x)$ 可以表示为一个奇函数与一个偶函数之和.

分析　本题只有函数在某对称区间 $[-l,l]$ 上有定义这唯一的已知条件. 要证明此函数能够表示成一个奇函数与一个偶函数之和，应属于一种构造性问题，

我们不妨假设对于区间 $[-l,l](l>0)$ 上的函数 $f(x)$，已经有一个奇函数 $g(x)$ 与一个偶函数 $h(x)$ 满足题意，即有

$$f(x)=g(x)+h(x)$$

用 $-x$ 代 x，又可得

$$f(-x)=g(-x)+h(-x)=-g(x)+h(x)$$

联立上面两式，解得

$$g(x)=\frac{f(x)-f(-x)}{2},h(x)=\frac{f(x)+f(-x)}{2}$$

由此可以给出如下证明：

证明：令 $g(x)=\frac{f(x)-f(-x)}{2},h(x)=\frac{f(x)+f(-x)}{2}$，则不难验证函数 $g(x)$，$h(x)$ 分别符合奇偶性条件，且满足

$$f(x)=g(x)+h(x)$$

于是结论成立. 证毕.

二、极限的运算

例 4　利用极限的定义证明：对于数列 $\{x_n\}$，若

$$\lim_{k\to\infty}x_{2k-1}=a,\qquad \lim_{k\to\infty}x_{2k}=a$$

同时成立，则 $\lim\limits_{n\to\infty}x_n=a$.

分析　根据极限的定义来证明，证明的关键是给定 ε，如何找 N. 根据已知数列的两个子列收敛，且收敛域同样的极限. 这样可以考虑是否可以根据条件能够找到数列中某一项，使这一项后面的所有项都落在 a 的 ε 邻域内.

证明　对于任意的 $\varepsilon>0$，由 $\lim\limits_{k\to\infty}x_{2k-1}=a$，根据极限定义，存在 N_1，当 $k>N_1$ 时，有

$$|x_{2k-1}-a|<\varepsilon$$

又由 $\lim\limits_{k\to\infty}x_{2k-1}=a$，存在 N_2，当 $k>N_2$ 时，有

$$|x_{2k}-a|<\varepsilon$$

只要取 $N=\max\{2N_1-1,2N_2\}$，当 $n>N$ 时，即 $n>2N_1-1$，且 $n>2N_2$，此时有

$$|x_n - a| < \varepsilon$$

故 $\lim\limits_{n\to\infty} x_n = a$.

例5　利用极限的定义证明：

(1) $\lim\limits_{n\to\infty} q^n = 0, |q| < 1$；　　(2) $\lim\limits_{x\to 2}\dfrac{x^2-4}{x-2} = 4$.

分析　一般来说，利用定义证明极限，需要通过适当的分析方法，对任意给定的 $\varepsilon>0$ 来寻找 N 或 δ. 在很多情况下，直接获得相应的 N 或 δ 是较为困难的，这时往往采用一些放大策略. 本题的前一小题就是采用了 Bernoulli 不等式将其放大. 放大以后能够将 N 或 δ 的寻找问题变难为易.

利用极限的定义证明极限是较为重要的一类题型，它可以帮助大家更好地理解极限的概念. 虽然我们对定义证明极限只要求了解，但是熟记一些重要的极限及其证明的过程是非常有帮助的，当然这类证明问题往往也有一定的难度.

证明　(1) 若 $q=0$，则结论的正确性是显然的. 现在对 $0<|q|<1$ 的情形给予证明. 设 $|q| = \dfrac{1}{1+h}$，其中 $h>0$，于是

$$|q^n - 0| = |q|^n = \frac{1}{(1+h)^n}$$

利用 Bernoulli 不等式，$(1+h)^n \geqslant 1+nh$，则有

$$|q^n - 0| \leqslant \frac{1}{1+nh} < \frac{1}{nh}$$

于是，$\forall\varepsilon>0$，可找到相应的 $N = \left[\dfrac{1}{\varepsilon h}\right]$，当 $n>N$ 时，总有

$$|q^n - 0| \leqslant \frac{1}{1+nh} < \frac{1}{nh} < \varepsilon$$

从而，由数列极限定义，要证的极限结论成立.

(2) 因为要使

$$|f(x) - 4| = \left|\frac{x^2-4}{x-2} - 4\right| = |x+2-4| = |x-2| < \varepsilon$$

只需选取 $\delta = \varepsilon$，则对于满足不等式 $0<|x-2|<\delta$ 的一切的 x，都有 $|f(x)-4|<\varepsilon$.

即 $\forall\varepsilon>0, \exists\delta=\varepsilon$，当 $0<|x-2|<\delta$ 时，总有

$$|f(x) - 4| < \varepsilon$$

从而，由数列极限定义，有 $\lim\limits_{x\to 2}\dfrac{x^2-4}{x-2} = 4$.

例6　求下列极限：

(1) $\lim\limits_{n\to\infty}\left(\dfrac{1}{n^2} + \dfrac{2}{n^2} + \cdots + \dfrac{n}{n^2}\right)$；　　(2) $\lim\limits_{x\to\infty}\dfrac{x+1}{x^2+x+2}\cos x$.

分析　本题考察关于无穷小的两个性质定理：即有限个无穷小的和是无穷小，有界函数与无穷小的乘积是无穷小.

第一题是无穷多个(n 个，但 $n\to\infty$)无穷小和的极限，因此不能直接利用极限运算法则进行计算，需要将无穷小的和求出再计算极限，类似的例子可以举出好多.

题(2)中是有界函数与无穷小的乘积是无穷小，主要是提醒大家注意求这种类型极限问题的书写方式.

解　(1) $\lim\limits_{n\to\infty}(\frac{1}{n^2}+\frac{2}{n^2}+\cdots+\frac{n}{n^2})=\lim\limits_{n\to\infty}\frac{(1+2+\cdots+n)}{n^2}=\lim\limits_{n\to\infty}\frac{n(n+1)}{2n^2}=\frac{1}{2}$.

(2) 因为 $\lim\limits_{x\to\infty}\frac{x+1}{x^2+x+2}=0$，且 $|\cos x|\leqslant 1,\forall x\in R$，由于有界函数与无穷小的乘积还是无穷小，所以有

$$\lim_{x\to\infty}\frac{x+1}{x^2+x+2}\cos x=0.$$

例 7　利用极限存在的两个准则求极限：设有递推数列 $\{a_n\}$ 满足：

$$a_1=6,\quad a_{n+1}=\sqrt{3a_n+10},n=1,2,\cdots$$

求 $\lim\limits_{n\to\infty}a_n$.

分析　本题要求利用极限存在的两个准则，即单调有界定理和迫敛性定理(夹逼准则)去求极限.

利用单调有界定理需要证明数列单调且有界，方法一般是数学归纳法. 利用此准则的关键往往在于找出其界. 而通常的做法是先对递推公式两边试求极限，然后从极限值再去估计它的界.

利用夹逼准则的关键是适当放缩找出上下界函数或序列，并保证上下界函数或序列的极限存在且相等.

解　因为 $a_1=6>5$，假设 $a_k>5$，则

$$a_{k+1}=\sqrt{3a_k+10}>\sqrt{3\times5+10}=5$$

由归纳推理方法，可知 $\forall n\in\mathbf{N},a_k>5$，即数列有下界.

又因为 $\forall n\in\mathbf{N},a_k>5$，从而又有

$$a_{n+1}=\sqrt{3a_n+10}<\sqrt{3a_n+2a_n}=\sqrt{5a_n}<\sqrt{a_n^2}=a_n$$

即数列单调递减.

由单调有界定理可知，数列 $\{a_n\}$ 有极限. 设 $\lim\limits_{n\to\infty}a_n=a$，同样还有 $\lim\limits_{n\to\infty}a_{n+1}=a$，对递推公式

$$a_{n+1}=\sqrt{3a_n+10},n=1,2,\cdots$$

两端求极限，有 $a=\sqrt{3a+10}$. 解之得 $a=5$ 或 $a=-2$(舍去). 所以该递推数列的极限为

$\lim\limits_{n\to\infty}a_n=5$.

例 8　求下列极限：

(1) $\lim\limits_{x\to+\infty}(\sqrt{x^2+x+1}-\sqrt{x^2-x+1})$；(2) $\lim\limits_{n\to\infty}\dfrac{\sqrt[n]{1+\alpha x}-1}{x}$ $(\alpha>0)$；

(3) $\lim\limits_{x\to 0}\dfrac{\sqrt[m]{1+\alpha x}-\sqrt[n]{1+\beta x}}{x}$ $(m,n\in\mathbf{N})$.

分析　本题中的三个极限中都含有根式，这时常利用分子、分母有理化的技巧来求极限. 当然有时也可能利用无穷小的等价替换等方法.

解　(1) 采用分子有理化方法

$$\begin{aligned}&\lim_{x\to+\infty}(\sqrt{x^2+x+1}-\sqrt{x^2-x+1})\\&=\lim_{x\to+\infty}\frac{(\sqrt{x^2+x+1}-\sqrt{x^2-x+1})(\sqrt{x^2+x+1}+\sqrt{x^2-x+1})}{(\sqrt{x^2+x+1}+\sqrt{x^2-x+1})}\\&=\lim_{x\to+\infty}\frac{2x}{(\sqrt{x^2+x+1}+\sqrt{x^2-x+1})}\\&=\lim_{x\to+\infty}\frac{2}{\left(\sqrt{1+\dfrac{1}{x}+\dfrac{1}{x^2}}+\sqrt{1-\dfrac{1}{x}+\dfrac{1}{x^2}}\right)}=1.\end{aligned}$$

(2) 因为

$$\lim_{x\to 0}\frac{\sqrt[n]{1+\alpha x}-1}{x}=\lim_{x\to 0}\frac{e^{\frac{1}{n}\ln(1+\alpha x)}-1}{x}$$

又当 $x\to 0$ 时，$e^x-1\sim x$ 和 $\ln(1+x)\sim x$，于是当 $x\to 0$ 时，

$$e^{\frac{1}{n}\ln(1+\alpha x)}-1\sim\frac{1}{n}\ln(1+\alpha x)$$

并可得

$$\lim_{x\to 0}\frac{\sqrt[n]{1+\alpha x}-1}{x}=\lim_{x\to 0}\frac{\dfrac{1}{n}\ln(1+\alpha x)}{x}=\lim_{x\to 0}\frac{\dfrac{1}{n}\alpha x}{x}=\frac{\alpha}{n}.$$

(3) 由上一小题结论有，当 $x\to 0$ 时，$\sqrt[n]{1+\alpha x}-1\sim\dfrac{\alpha}{n}x$. 这个等价无穷小结论在平时求极限的过程中也是可以直接加以引用的. 于是有

$$\begin{aligned}&\lim_{x\to 0}\frac{\sqrt[m]{1+\alpha x}-\sqrt[n]{1+\beta x}}{x}=\lim_{x\to 0}\frac{(\sqrt[m]{1+\alpha x}-1)-(\sqrt[n]{1+\beta x}-1)}{x}\\&=\lim_{x\to 0}\frac{\sqrt[m]{1+\alpha x}-1}{x}-\lim_{x\to 0}\frac{\sqrt[n]{1+\beta x}-1}{x}\\&=\lim_{x\to 0}\frac{\dfrac{\alpha x}{m}}{x}-\lim_{x\to 0}\frac{\dfrac{\beta x}{n}}{x}=\frac{\alpha}{m}-\frac{\beta}{n}.\end{aligned}$$

需要注意的是，在本题中我们之所以能够把原极限 $\lim\limits_{x\to0}\dfrac{\sqrt[m]{1+\alpha x}-\sqrt[n]{1+\beta x}}{x}$ 拆分为两个极限之差，是因为我们已经看到，拆分之后的两个极限都是存在的.

例 9　求下列极限：

(1) $\lim\limits_{x\to0}\dfrac{\tan x-\sin x}{\sin^3 x}$；　　(2) $\lim\limits_{x\to\infty}\left(\dfrac{2x+3}{2x+1}\right)^{x+1}$.

分析　第一个小题中的极限是两个重要极限之中的第一个极限的结论应用，这类问题一般要求熟练掌握三角公式及等价替换. 我们已知当 $x\to0$ 时，

$$\sin x\sim\tan x\sim x \text{ 和 } \arcsin x\sim\arctan x\sim x,\text{ 以及 } 1-\cos x\sim\frac{1}{2}x^2$$

这些等价替换的结论都是可以直接使用的.

解　(1) $\lim\limits_{x\to0}\dfrac{\tan x-\sin x}{\sin^3 x}=\lim\limits_{x\to0}\dfrac{\sin x\left(\dfrac{1}{\cos x}-1\right)}{\sin^3 x}=\lim\limits_{x\to0}\dfrac{1-\cos x}{\cos x\sin^2 x}$

$$=\lim_{x\to0}\frac{\frac{1}{2}x^2}{\cos x\cdot x^2}=\frac{1}{2}.$$

分析　对于第二个小题，它是与两个重要极限中的第二个极限，即 $\lim\limits_{x\to0}(1+x)^{\frac{1}{x}}=\mathrm{e}$ 有关的问题. 对比第二个重要极限，即需要造出 1 加上一个无穷小出来. 注意到

$$\frac{2x+3}{2x+1}=1+\frac{2}{2x+1}$$

正好符合条件，剩下的只是形式上具体的演变过程而已.

(2) 因为

$$\lim_{x\to\infty}\left(\frac{2x+3}{2x+1}\right)^{x+1}=\lim_{x\to\infty}\left[\left(1+\frac{2}{2x+1}\right)^{\frac{2x+1}{2}}\right]^{\frac{2}{2x+1}\cdot(x+1)}$$

由于 $\lim\limits_{x\to\infty}\dfrac{2(x+1)}{2x+1}=1$，所以 $\lim\limits_{x\to\infty}\left(\dfrac{2x+3}{2x+1}\right)^{x+1}=\mathrm{e}$.

例 10　求极限 $\lim\limits_{x\to\infty}\left(\sin\dfrac{1}{x}+\cos\dfrac{1}{x}\right)^x$.

分析　这同样是与两个重要极限中的第二个极限有关的问题. 对比该重要极限，即需要造出 1 加上一个无穷小出来. 注意到

$$\left(\sin\frac{1}{x}+\cos\frac{1}{x}\right)^2=1+\sin\frac{2}{x}$$

正好符合条件，剩下的只是形式上具体的演变过程而已. 即有

解法一：　$\lim\limits_{x\to\infty}\left(\sin\dfrac{1}{x}+\cos\dfrac{1}{x}\right)^x=\lim\limits_{x\to\infty}\left[\left(\sin\dfrac{1}{x}+\cos\dfrac{1}{x}\right)^2\right]^{\frac{x}{2}}$

$$= \lim_{x\to\infty}\left[\left(1+\sin\frac{2}{x}\right)^{\frac{1}{\sin\frac{2}{x}}}\right]^{\frac{x}{2}\sin\frac{2}{x}} = \lim_{x\to\infty}\left[\left(1+\sin\frac{2}{x}\right)^{\frac{1}{\sin\frac{2}{x}}}\right]^{\frac{x}{2}\sin\frac{2}{x}}$$

$$= \lim_{x\to\infty}\left[\left(1+\sin\frac{2}{x}\right)^{\frac{1}{\sin\frac{2}{x}}}\right]^{\frac{\sin\frac{2}{x}}{\frac{2}{x}}}$$

注意到上式中底与指数的极限分别为

$$\lim_{x\to\infty}\left(1+\sin\frac{2}{x}\right)^{\frac{1}{\sin\frac{2}{x}}} = \mathrm{e} \text{ 和} \lim_{x\to\infty}\frac{\sin\frac{2}{x}}{\frac{2}{x}} = 1$$

从而原极限 $\lim\limits_{x\to\infty}\left(\sin\frac{1}{x}+\cos\frac{1}{x}\right)^x = \mathrm{e}^1 = \mathrm{e}$.

本小题也有另外一种不同的解法，即用很典型的“倒代换”方法：

解法二：

$$\lim_{x\to\infty}\left(\sin\frac{1}{x}+\cos\frac{1}{x}\right)^x \xlongequal{\text{令}\frac{2}{x}=t} \lim_{x\to\infty}(\sin t+\cos t)^{\frac{1}{t}} = \lim_{t\to 0}\mathrm{e}^{\frac{\ln(\sin t+\cos t)}{t}} = \mathrm{e}^{\lim\limits_{t\to 0}\ln(\sin t+\cos t)}$$

而又因为当 $t\to 0$ 时，$(\sin t+\cos t-1)\to 0$. 所以，

$$\lim_{t\to 0}\frac{\ln(\sin t+\cos t)}{t} = \lim_{t\to 0}\frac{\ln[1+(\sin t+\cos t-1)]}{t} = \lim_{t\to 0}\frac{(\sin t+\cos t-1)}{t}$$

$$= \lim_{t\to 0}\frac{\sin t}{t}+\lim_{t\to 0}\frac{\cos t-1}{t} = \lim_{t\to 0}\frac{\sin t}{t}+\lim_{t\to 0}\frac{-\frac{1}{2}t^2}{t} = 1+0 = 1$$

于是也能得到原极限 $\lim\limits_{x\to\infty}\left(\sin\frac{1}{x}+\cos\frac{1}{x}\right)^x = \mathrm{e}^1 = \mathrm{e}$.

例 11　求下列极限：

(1) $\lim\limits_{n\to+\infty}\left(1+\frac{1}{3}+\frac{1}{3^2}+\cdots+\frac{1}{3^n}\right)$；　　　(2) $\lim\limits_{x\to 1}\left(\frac{2}{1-x^2}-\frac{3}{1-x^3}\right)$.

解　(1) 该小题是求一个和式极限，而且此和较为容易求得，一般先将其和求出再求极限.

$$\lim_{n\to+\infty}\left(1+\frac{1}{3}+\frac{1}{3^2}+\cdots+\frac{1}{3^n}\right) = \lim_{n\to+\infty}\frac{1-\frac{1}{3^{n+1}}}{1-\frac{1}{3}} = \frac{3}{2}.$$

(2) 本题是两个分式无穷大差的极限，且两分式分母不同，一般是通过通分将它们化为一个分式，然后约去分子、分母上的相同零因子

$$\lim_{x\to 1}\left(\frac{2}{1-x^2}-\frac{3}{1-x^3}\right) = \lim_{x\to 1}\frac{2(1+x+x^2)-3(1+x)}{(1-x)(1+x)(1+x+x^2)}$$

$$=\lim_{x\to1}\frac{2x^2-x-1}{(1-x)(1+x)(1+x+x^2)}=\lim_{x\to1}\frac{2x^2-x-1}{(1-x)(1+x)(1+x+x^2)}$$

$$=\lim_{x\to1}\frac{(2x+1)(x-1)}{(1-x)(1+x)(1+x+x^2)}=-\frac{1}{2}.$$

例 12　已知 a,b 满足 $\lim\limits_{x\to+\infty}\left(\dfrac{x^2+1}{x+1}-ax-b\right)=0$，试求 a,b.

分析　这样的问题我们往往称之为极限的反问题. 该问题也可以理解为是求曲线 $y=f(x)=\dfrac{x^2+1}{x+1}$ 的斜渐近线 $y=ax+b$ 的问题. 对此也可以参见高数第三章的相关内容.

解　首先，将原极限式子中的函数除以一个 x，则有

$$\lim_{x\to\infty}\frac{\left(\dfrac{x^2+1}{x+1}-ax-b\right)}{x}=\lim_{x\to\infty}\left(\frac{x^2+1}{x(x+1)}-a-\frac{b}{x}\right)=\lim_{x\to\infty}\left(\frac{x^2+1}{x(x+1)}-a\right)=0$$

于是 $a=\lim\limits_{x\to\infty}\dfrac{x^2+1}{x(x+1)}=1$，并且

$$b=\lim_{x\to\infty}\left(\frac{x^2+1}{x+1}-ax\right)=\lim_{x\to\infty}\left(\frac{x^2+1}{x+1}-x\right)=\lim_{x\to\infty}\frac{x^2+1-x^2-x}{x+1}=\lim_{x\to\infty}\frac{1-x}{x+1}=-1.$$

二、函数的连续性与间断

例 13　设有函数 $f(x)=\lim\limits_{n\to+\infty}\dfrac{1-x^{2n}}{1+x^{2n}}x$，试讨论 $f(x)$ 的连续性. 如有间断点，并指出其类型.

分析　本题给出的函数是个极限，因此必须先给出函数的表示式，然后再讨论其连续性. 注意到极限的过程是 $n\to+\infty$，而我们已经知道 $\lim\limits_{n\to\infty}q^n=0$，$|q|<1$. 故需对 x 分段，即分为 $|x|<1$，$|x|=1$ 和 $|x|>1$ 来讨论.

解　对 x 进行讨论，有

$$f(x)=\lim_{n\to+\infty}\frac{1-x^{2n}}{1+x^{2n}}x=\begin{cases}x, & |x|<1\\ 0, & |x|=1\\ -x, & |x|>1\end{cases}$$

由此可见，除了 $x=1$ 或 -1 是间断的可疑点，$f(x)$ 在其余各点均连续. 又

$$\lim_{x\to1^+}f(x)=-1,\ \lim_{x\to1^-}f(x)=1,\ \lim_{x\to-1^+}f(x)=-1,\ \lim_{x\to-1^-}f(x)=1$$

所以 $x=1$ 和 $x=-1$ 均为函数 $f(x)$ 的第一类(跳跃)间断点.

例 14　试利用零点定理或介值定理证明如下各题：

(1) 设函数 $f(x)$ 在 $[0,2a]$ 上连续，且 $f(0)=f(2a)$. 证明：在区间 $[0,a]$ 上存在一点

ξ,使得 $f(\xi)=f(\xi+a)$;

(2) 设函数 $f(x)$在$[a,b]$上连续,$x_1,x_2,\cdots,x_n\in[a,b]$,另有一组正数 $\lambda_1,\lambda_2,\cdots,\lambda_n$ 满足 $\lambda_1+\lambda_2+\cdots+\lambda_n=1$. 证明:存在一点 $\xi\in[a,b]$,使得

$$f(\xi)=\lambda_1 f(x_1)+\lambda_2 f(x_2)+\cdots+\lambda_n f(x_n).$$

证明 (1) 本题中要求证明 $f(\xi)=f(\xi+a)$,需要构造辅助函数.

处理这种问题我们一般从结论入手,将其中 ξ 改为 x,即可得辅助函数,并选择合适的点代入辅助函数,使之满足零点定理的条件.

现令

$$F(x)=f(x)-f(x+a)$$

则由函数 $f(x)$在$[0,2a]$上连续可知,$F(x)$在$[0,a]$上连续. 又因为 $f(0)=f(2a)$,所以

$$F(0)=f(0)-f(a),F(a)=f(a)-f(2a)=f(a)-f(0)$$

如果 $f(0)=f(a)$ 则 $\xi=0$ 或 a 满足结论;如果 $f(0)\neq f(a)$,则 $F(0)F(a)<0$,由零点定理可知在区间$(0,a)$上存在一点 ξ,使得 $F(\xi)=0$,即 $f(\xi)=f(\xi+a)$.

综上可知结论正确.

证明 (2) 本题可考虑利用介值定理,证明 $\lambda_1 f(x_1)+\lambda_2 f(x_2)+\cdots+\lambda_n f(x_n)$ 介于函数在此闭区间上的最小值和最大值之间.

令 m,M 分别表示 $f(x)$在闭区间$[a,b]$上的最小值与最大值,因为 $\lambda_i>0,i=1,2,\cdots,n$,则

$$(\lambda_1+\cdots+\lambda_n)m\leqslant\lambda_1 f(x_1)+\lambda_2 f(x_2)+\cdots+\lambda_n f(x_n)\leqslant(\lambda_1+\cdots+\lambda_n)M.$$

又 $\lambda_1+\lambda_2+\cdots+\lambda_n=1$,所以

$$m\leqslant\lambda_1 f(x_1)+\lambda_2 f(x_2)+\cdots+\lambda_n f(x_n)\leqslant M$$

由介值定理易知,存在一点 $\xi\in[a,b]$,使得

$$f(\xi)=\lambda_1 f(x_1)+\lambda_2 f(x_2)+\cdots+\lambda_n f(x_n)$$

即结论成立.

注意到在本题中,如果将条件 $x_1,x_2,\cdots,x_n\in[a,b]$ 改为 $a\leqslant x_1<x_2<\cdots<x_n\leqslant b$,则对应结果也可以更强一些,即可证明存在 $\xi\in[x_1,x_n]$ 使相应的结论成立.

第三节 应用案例

本节为学生自学内容,是为了让大家看到高等数学这样的基础学科中的相关知识在工程实际中有很重要的应用. 让我们先看一个方程根的存在性的证明问题.

例 15 证明方程 $e^x-x-2=0$ 至少有一根介于 0 和 2 之间.

证明 令 $f(x)=e^x-x-2$,则由函数 $f(x)$ 在区间$[0,2]$上的连续性和

$f(0)=-2<0, f(2)=e^2-4>0$ 和连续函数的零点定理可知，函数 $f(x)$ 在区间 $(0,2)$ 内至少有一个零点，即在区间 $(0,2)$ 内方程 $e^x-x-2=0$ 至少有一根. 证毕.

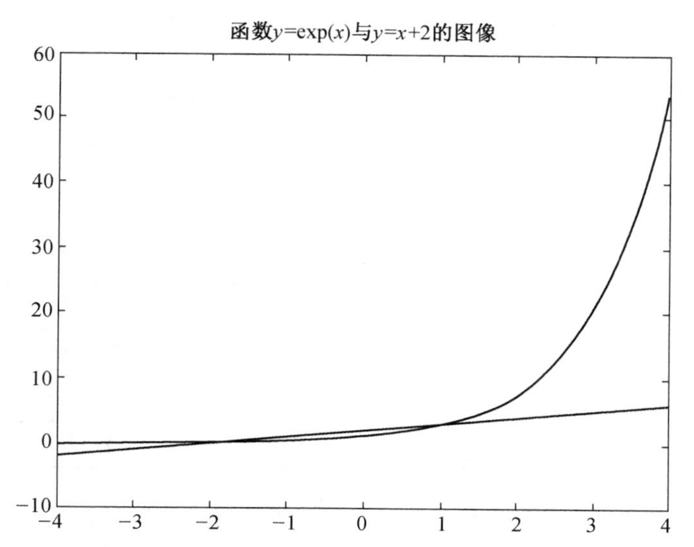

参见上述函数曲线图像，用同样的方法我们也可以证明，该方程还有一根介于 -3 和 -1 之间. 实际上，到第三章利用我们将研究的函数的单调性等分析性质，还可以证明这个方程有且仅有这两个实根.

问题提出：现在引起我们更进一步思考的问题是，通常零点定理只告诉了我们零点或者根的存在性，并没有告诉我们零点或者根的具体位置. 那么怎么样求出这个零点呢?

如果我们没有办法求出根的精确值，那么零点定理就只具有理论上的意义了. 事实上并非如此！我们不仅可以求出根的值，而且方法也有不止一种.

问题求解：方程求根计算方法之一——二分法.

现记区间 $[0,2]\overset{\Delta}{=}[a_1,b_1]$，取该区间的中点 $c_1=\dfrac{a_1+b_1}{2}=1$，求出 $f(x)\Big|_{x=c_1}=e^1-3<0$，并结合已有条件 $f(2)=e^2-4>0$，由零点定理，得知在 $[a_1,b_1]$ 的子区间 $[1,2]\overset{\Delta}{=}[a_2,b_2]$（其中 $a_2=c_1, b_2=b_1$）内有方程 $e^x-x-2=0$ 的根.

再取子区间 $[a_2,b_2]$ 的中点 $c_2=\dfrac{a_2+b_2}{2}=1.5$，又同样可以得到原方程的根所在的一个更小的子区间 $[a_3,b_3]$. 如此继续下去，可以得到包含方程在区间 $(0,2)$ 内的那个根的一个区间序列

$$[a_n,b_n],\qquad n=1,2,3,\cdots$$

而且这个区间序列中区间的长度

$$\Delta_n=b_n-a_n=\frac{b_{n-1}-a_{2-1}}{2}=\frac{b_{n-2}-a_{2-2}}{2^2}=\cdots$$
$$=\frac{b_1-a_1}{2^{n-1}}=\frac{2}{2^{n-1}}=\frac{1}{2^{n-2}},\qquad n\geqslant 2$$

易见,$\forall \varepsilon$(例如取 $\varepsilon = 10^{-4}$),则当 n 充分大以后,一定都有 $\Delta_n < \varepsilon$. 此时取子区间$[a_n, b_n]$中任一值作为方程根的近似值,其误差均小于 ε.

用编程方法,具体计算过程如下:

迭代步数 n	a_n	b_n	迭代步数 n	a_n	b_n
1	0	2.0000	9	1.1406	1.1484
2	1.0000	2.0000	10	1.1445	1.1484
3	1.0000	1.5000	11	1.1445	1.1465
4	1.0000	1.2500	12	1.1455	1.1465
5	1.1250	1.2500	13	1.1460	1.1465
6	1.1250	1.1875	14	1.1460	1.1462
7	1.1250	1.1563	15	1.1461	1.1462
8	1.1406	1.1563	16	1.1462	1.1462

可见,方程在区间(0,2)根的近似值就可取为 $x^* = 1.1462$.

方程求根计算方法之二——迭代法.

我们将原方程 $e^x - x - 2 = 0$ 改写为

$$x = \ln(x+2)$$

并记 $g(x) \stackrel{\Delta}{=} \ln(x+2)$. 现任取 $x_0 \in (0,2)$,例如 $x_0 = 1$,将其代入函数 $g(x)$中,记

$$x_1 \stackrel{\Delta}{=} g(x_0) = \ln 3 = 1.0986$$

再将 x_1 代入函数 $g(x)$ 中,得

$$x_2 \stackrel{\Delta}{=} g(x_1) = \ln(\ln 3 + 2) = 1.1310$$

一般地,如果已经得到了 x_k,则又将其代入函数 $g(x)$中,就有

$$x_{k+1} \stackrel{\Delta}{=} g(x_k)$$

如此一直迭代下去,可得到一个数列$\{x_n\}$,可以证明这个数列$\{x_n\}$一定是收敛的(具体证明过程要涉及到第三章中的微分中值定理). 若设其极限为 x^*,则对迭代关系式

$$x_{n+1} \stackrel{\Delta}{=} g(x_n), n = 1,2,3,\cdots$$

两边取 $n \to \infty$时的极限,结合函数 $g(x)$的连续性,易见

$$x^* = g(x^*)$$

即当数列$\{x_n\}$收敛时,数列$\{x_n\}$的极限 x^* 就是所求方程在区间(0,2)内的根.

用编程方法,不难得到迭代的具体计算过程为

迭代步数 n	x_n	迭代步数 n	x_n
0	1.0000	5	1.1457
1	1.0986	6	1.1460
2	1.1310	7	1.1461
3	1.1413	8	1.1462
4	1.1446	9	1.1462

同样得到原方程在区间(0,2)的近似根为 $x^* = 1.1462$.

我们通过所举的这个方程求根的例子，试图告诉大家这样两个思想：

一是数学理论在工程实际问题的研究中，往往是十分重要的. 数学知识是用于解决大量的，甚至是很复杂的实际问题的工具. 在知识经济时代，人们已经充分认识到数学的重要性. 可以说在一切传统学科与新兴的高科技领域，都离不开数学理论与方法的支撑.

其次是人们经常说，大学生进入大学之后首先要适应大学生活，要对已有的学习习惯和学习观念进行一次实质性的转变.

这里所指的习惯应该就是"应试教育模式"下的以解题过程来代替整个学习过程的旧有的学习方式，即学生往往只对解题感兴趣，只注重解题，学习就是为了应付各种各样的考试，甚至可能完全没有理解所学的理论，更不关心和不了解所学的理论知识与方法有什么样的实际应用.

那么，大学生需要转变的学习观念，就是从数学等基础课程开始，建立一种把基础理论的学习与知识应用相结合的"新的"学习观念. 要把所学到的知识应用到工程实际问题中去，这样学到的数学知识才是鲜活与生动的、广泛而深刻的. 也才能够体现出所学知识的价值和课程学习的意义.

最后再附带说明一句：我们上面的编程是在一种应用很广泛，而且在国际数学与几乎所有的工程领域都普遍使用的工程数学软件 Matlab 之下实现的.

第四节　练习题

1－1　映射与函数

1. 求 $y=\dfrac{1}{1-x^2}+\sqrt{x+2}$ 的定义域.

2. 求由所给函数复合而成的函数,并求这函数分别对应于给定自变量值 x_1 和 x_2 的函数值. $y=u^2, u=e^x, x_1=1, x_2=-1$.

3. 设 $f(x)$的定义域是$[0,1]$,问: $f(x+a)+f(x-a)(a>0)$ 的定义域是什么?

4. 试将下列初等函数分解为一系列基本初等函数,或者求所给的基本初等函数的复合函数:

(1) $y = \mathrm{e}^{\left(\sin\frac{1}{2x+1}\right)^2}$;

(2) $y = \sqrt{u}$, $(u > 0)$, $u = \cot v$, $v \neq k\pi(k = 0, \pm 1, \pm 2, \cdots)$, $v = \dfrac{x}{2}$, $x \in (-\infty, +\infty)$.

5. 设 $f\left(\dfrac{1}{x}\right) = x + \sqrt{1+x^2}\,(x > 0)$, 求 $f(x)$.

6. 设 $f(x) = \dfrac{x}{x-1}$, $x \neq 1$, 试求下列复合函数, 并指出 x 的取值范围: $f(f\{f[f(x)]\})$.

1-2 数列与函数的极限

1*. 试用极限定义证明：$\lim\limits_{n\to\infty}\dfrac{3n+1}{2n+1}=\dfrac{3}{2}$.

2*. 试用极限定义证明：$\lim\limits_{x\to-2}\dfrac{x^2-4}{x+2}=-4$.

3*. 设有数列$\{x_n\}$其通项为$x_n=\dfrac{(-1)^n+\sin\dfrac{n\pi}{2}}{n}$，试问$\lim\limits_{n\to\infty}x_n=?$并对$\varepsilon=0.001$，求出一个相应的$N$，使得当$n>N$时，总有$x_n$与其极限的差的绝对值小于$\varepsilon$.

4*. 证明：若$x\to+\infty$及$x\to-\infty$时，函数$f(x)$的极限都存在且都等于A，则$\lim\limits_{x\to\infty}f(x)=A$.

1-3 无穷小与无穷大

1. 两个无穷小的商是否一定是无穷小？试举例说明之.

2. 函数 $y=x\cos x$ 在 $(-\infty,+\infty)$ 内是否有界？又当 $x\to+\infty$ 时，这个函数是否为无穷大？为什么？

3. 设数列 x_n 与 y_n 满足 $\lim\limits_{n\to\infty}x_ny_n=0$，则下面断言正确的是 ( )

① 若 x_n 发散，则 y_n 必发散　　② 若 x_n 无界，则 y_n 必无界

③ 若 x_n 有界，则 y_n 必为无穷小　　④ 若 $\dfrac{1}{x_n}$ 为无穷小，则 y_n 必为无穷小

1-4 极限运算法则

1. 计算下列极限：

(1) $\lim\limits_{x \to 2} \dfrac{x^2+5}{x-3}$；

(2) $\lim\limits_{h \to 0} \dfrac{(x+h)^2-x^2}{h}$；

(3) $\lim\limits_{n \to \infty} \left(1+\dfrac{1}{2}+\dfrac{1}{4}+\cdots+\dfrac{1}{2^n}\right)$；

(4) $\lim\limits_{x \to 1} \left(\dfrac{1}{1-x}-\dfrac{3}{1-x^3}\right)$；

(5) $\lim\limits_{n\to\infty}\dfrac{(n+1)(n+2)(n+3)}{5n^3}$；　(6) $\lim\limits_{x\to 0}x^2\sin\dfrac{1}{x}$.

1-5 极限存在准则 两个重要极限

1. $\lim\limits_{x\to 0}\dfrac{1-\cos 2x}{x\sin x}$；

2. $\lim\limits_{n\to\infty}2^n\sin\dfrac{x}{2^n}$（$x$ 为不等于零的常数）；

3. $\lim\limits_{x\to\infty}\left(1-\dfrac{1}{x}\right)^{kx}$（$k\in\mathbf{Z}^+$）；

4. $\lim\limits_{x\to 0}(1+\sin x)^{\frac{1}{x}}$；

5. $\lim\limits_{x\to\infty}\left(\dfrac{x+2a}{x-a}\right)^{x}$；

6. $\lim\limits_{n\to\infty}\left(\dfrac{1}{n^2+n+1}+\dfrac{2}{n^2+n+2}+\cdots+\dfrac{n}{n^2+n+n}\right)$.

1 - 6 无穷小的比较

1. 证明：当 $x \to 0$ 时，$\sec x - 1 \sim \dfrac{x^2}{2}$.

2. 求下列极限：

(1) $\lim\limits_{x \to 0} \dfrac{\arctan x}{\sin 4x}$；

(2) $\lim\limits_{x \to 0} \dfrac{\tan x - \sin x}{\sin^3 x}$；

(3) $\lim\limits_{x \to 0} \dfrac{\sin 4x}{\sqrt{x+1}-1}$;　　(4) $\lim\limits_{x \to a} \dfrac{\sin^2 x - \sin^2 \alpha}{x - \alpha}$.

3. 讨论 $\lim\limits_{x \to 0} \dfrac{\sqrt{1-\cos x}}{\tan x}$ 是否存在.

1 - 7 函数的连续性与间断点

1. 指出下列函数在指出的点属于哪类间断点，如果是可去间断点，补充或改变函数的定义使其连续：

(1) $y=\dfrac{x^2-1}{x^2-3x+2}, x=1, x=2$；

(2) $y=\begin{cases} x-1 & x\leqslant 1 \\ 3-x & x>1 \end{cases}, x=1.$

2. 讨论函数 $f(x)=\lim\limits_{n\to\infty}\dfrac{1+x^{2n+1}}{x-x^{n+1}+x^{2n+1}}$ (n 为正整数)的间断点类型.

1-8 连续函数的运算与初等函数的连续性

1. 求下列极限：

(1) $\lim\limits_{x \to \frac{\pi}{6}} \ln(2\cos 2x)$；

(2) $\lim\limits_{x \to 0} \dfrac{\sqrt{x+1}-1}{x}$；

(3) $\lim\limits_{x \to 0} \dfrac{\sqrt{1+x^2}-1}{x\sin x}$；

(4) $\lim\limits_{x \to +\infty} (\sqrt{x^2+x}-\sqrt{x^2-x})$；

(5) $\lim\limits_{x \to 0} (1+3\tan^2 x)^{\cot^2 x}$.

2. 若 $\lim_{x \to -1} \frac{x^3 - ax^2 - x + 4}{x + 1} = L$（有限数），求 a, L.

1-9 闭区间上连续函数的性质

1. 证明方程 $x^5 - 3x = 1$ 至少有一根介于 1 和 2 之间.

2. 证明方程 $x = a\sin x + b$（其中 $a>0,b>0$）至少有一个正根，并且它不超过 $a+b$.

3. 若 $f(x)$ 在 $[a,b]$ 上连续，$a<x_1<x_2<\cdots<x_n<b$，则在 $[x_1,x_n]$ 上必有 ξ，使 $f(\xi)=\dfrac{f(x_1)+f(x_2)+\cdots+f(x_n)}{n}$.

第五节 自测题

一、填空题(每题 3 分,共 15 分)

1. $\lim\limits_{x\to 0}\arctan\left(\dfrac{\sin x}{x}\right)=$ ________.

2. $\lim\limits_{x\to\infty}\left(\dfrac{x+3}{x+1}\right)^{4x+4}=$ ________.

3. $\lim\limits_{x\to\infty}\dfrac{x^2+3x\cos x+1}{x^4+1}\arctan x=$ ________.

4. $\lim\limits_{x\to 0}\dfrac{\tan x-\sin x}{3x^2\sin x}=$ ________.

5. 设 $f(x)=\begin{cases}1, & |x|\leqslant 1\\ 0, & |x|>1\end{cases}$ 则 $f[f(x)]=$ ________.

二、选择题(每题 3 分,共 15 分)

1. $f(x)=\begin{cases}\dfrac{x^2-1}{x-1}, x<1,\\ 2x, x\geqslant 1,\end{cases}$ 则 $x=1$ 是 $f(x)$ 的 ( )

A. 连续点　　B. 可去间断点

C. 跳跃间断点　　D. 无穷间断点

2. 函数 $f(x)=\arctan\dfrac{1}{1-x}$ 当 $x\to 1$ 时的极限是 ( )

A. $\dfrac{\pi}{2}$　　B. $-\dfrac{\pi}{2}$

C. 0　　D. 不存在

3. $\lim\limits_{x\to 1}\dfrac{\sin(x^2-1)}{x-1}=$ ( )

A. 1　　B. 2

C. 3　　D. 0

4. 设函数 $f(x)=\begin{cases}x\sin\dfrac{1}{x}, x\neq 0,\\ 0, x=0.\end{cases}$ 则对 $x=0$ 处的以下论述正确的是 ( )

A. 间断　　B. 极限不存在

C. 连续　　D. 极限存在但不连续

5. 当 $x\to 0$ 时,以下选项中与 x^3 是等价无穷小的是 ( )

A. $1-\cos x$　　B. $\sqrt{1+x^2}-1$

C. $\ln(1+x^3)$　　D. $\sin x-\tan x$

三、求下列极限(每题 5 分,共 30 分)

1. $\lim\limits_{x\to+\infty} x(\sqrt{x^2+1}-x)$.

2. $\lim\limits_{x\to 0}\dfrac{3\sin x+x^2\cos\dfrac{1}{x}}{(1+\cos x)\ln(1+x)}$.

3. $\lim\limits_{x\to+\infty}\{x[\ln(x+2)-\ln x]\}$.

4. $\lim\limits_{x\to 1}\dfrac{x+x^2+\cdots+x^n-n}{x-1}$.

5. $\lim\limits_{n\to\infty}(\dfrac{1}{n^3+1}+\dfrac{2^2}{n^3+2}+\cdots+\dfrac{n^2}{n^3+n})$.

6. $\lim\limits_{n\to\infty}\left(\dfrac{1}{1\cdot 2}+\dfrac{1}{2\cdot 3}+\cdots+\dfrac{1}{n(n+1)}\right)$.

四、计算下列各题(5×6+4=34 分)

1. (4 分)已知 $f\left(x+\dfrac{1}{x}\right)=x^2+\dfrac{1}{x^2}$,求 $f(x)$.

2. 设函数 $f(x)=\begin{cases} e^x, x<0, \\ a+x, x\geqslant 0, \end{cases}$ 选择 a 使函数连续.

3. 求 $\lim\limits_{n\to\infty}\sqrt[n]{1+5^n+9^n+10^n}$.

4. 求 $f(x)=\dfrac{1}{1-e^{\frac{1}{1-x}}}$ 的连续区间,间断点并判断其类型.

5. 设 $f(x)$ 在 $[a,b]$ 上连续，$a<c<d<b$，证明：对任意正数 p 和 q，至少有一点 $\xi\in[c,d]$，使 $pf(c)+qf(d)=(p+q)f(\xi)$.

6. 证明：方程 $x^2\cos x-\sin x=0$ 在 $\left(\pi,\frac{3}{2}\pi\right)$ 至少有一个实根.

五、(6 分)已知 $\lim\limits_{x\to+\infty}(\sqrt{x^2-x+1}-ax-b)=0$，试求常数 a,b.

第六节 练习题与自测题答案

练习题答案

1-1

1. $[-2,-1)\cup(-1,1)\cup(1,+\infty)$
2. $y=e^{2x}, y(1)=e^2, y(-1)=e^{-2}$
3. 当 $0<a<\frac{1}{2}$ 时，定义域为 $[a,1-a]$；当 $a=\frac{1}{2}$ 时，定义域为 $\left\{\frac{1}{2}\right\}$；而当 $a>\frac{1}{2}$ 时，定义域为 $\varnothing$.
4. (1) $y=e^u \quad u=(v)^2 \quad v=\sin w, w=\frac{1}{\varphi}, \varphi=2x+1$；

(2) $y=\sqrt{\cot\frac{x}{2}}, x\in(2k\pi,(2k+1)\pi], k\in Z$.

5. $f(x)=\frac{1+\sqrt{1+x^2}}{x}(x>0)$
6. $f(f\{f[f(x)]\})=x(x\neq1)$

1-2

3. 对应于 $\varepsilon=0.001$ 的相应的 N 可取为 $N=2\,000$.

1-3

1. 不一定. 如：$\alpha(x)=x, \beta(x)=2x$，当 $x\to0$ 时，两者都是无穷小，但 $\lim\limits_{x\to0}\frac{\alpha(x)}{\beta(x)}=\frac{1}{2}$.
2. 略.
3. (4)

1-4

1. (1) -9 (2) $2x$ (3) 2 (4) -1 (5) $\frac{1}{5}$ (6) 0

1-5

1. 2 2. x 3. e^{-k} 4. e 5. e^{3a} 6. $\frac{1}{2}$

1-6

1. 略 2. (1) $\frac{1}{4}$ (2) $\frac{1}{2}$ (3) 8 (4) $\sin 2a$ 3. 极限不存在

1-7

1. (1) $x=1$ 是可去间断点，补充 $y(1)=-2$，$x=2$ 是第二类间断点；(2) 跳跃间断点
2. 首先函数在 $x=0$ 处没有定义. 而因为

$$f(x)=\lim_{n\to\infty}\frac{1+x^{2n+1}}{x-x^{n+1}+x^{2n+1}}=\begin{cases}-x^2, & |x|>1\\ 2, & x=1\\ 0, & x=-1\\ \dfrac{1}{x}, & |x|<1\text{ 且 }x\neq 0\end{cases}$$

所以 $x=\pm1$ 是跳跃间断点,并且 $x=-1$ 是第一类(跳跃)间断点,$x=1$ 是第一类(可去)间断点.

1-8

1. (1) 0 (2) $\frac{1}{2}$ (3) $\frac{1}{2}$ (4) 1 (5) e^3

2. $a=4, L=10$.

1-9

1. 略.
2. 令 $f(x)=(x-b)-a\sin x$, $(0, a+b)$.
3. 介值定理.

自测题答案

一、1. $\frac{\pi}{4}$ 2. e^8 3. 0 4. $\frac{1}{6}$ 5. 1

二、1. A 2. D 3. B 4. C 5. C

三、1. $\frac{1}{2}$ 2. $\frac{3}{2}$ 3. 2 4. $\frac{n(n+1)}{2}$ 5. $\frac{1}{6}$ 6. 1

四、1. $f(x)=x^2-2$
2. $a=1$
3. 10
4. 连续区间 $(-\infty,1)$, $(1,+\infty)$, $x=1$ 为跳跃间断点.
5. 提示:利用介值定理.
6. 零点定理.

五、$a=1, b=-\frac{1}{2}$.

第二章　导数与微分

第一节　内容提要

一、导数概念

1. 导数的概念：函数 $f(x)$ 在点 x_0 处的导数定义为

$$f'(x_0)=\lim_{\Delta x\to 0}\frac{\Delta y}{\Delta x}=\lim_{\Delta x\to 0}\frac{f(x_0+\Delta x)-f(x_0)}{\Delta x}=\lim_{x\to x_0}\frac{f(x)-f(x_0)}{x-x_0}$$

导数概念是函数变化率概念的精确描述，它撇开了自变量和因变量所代表的物理或几何意义，纯粹从数量角度来刻画变化率的本质.

2. 单侧导数：函数 $f(x)$ 在点 x_0 处的左、右导数定义为

$$f'_-(x_0)=\lim_{\Delta x\to 0^-}\frac{f(x_0+\Delta x)-f(x_0)}{\Delta x};f'_+(x_0)=\lim_{\Delta x\to 0^+}\frac{f(x_0+\Delta x)-f(x_0)}{\Delta x}$$

函数在点 $x=x_0$ 处可导的充要条件：右导数与左导数存在，且相等.

3. 可导性与连续性：函数 $f(x)$ 在点 x_0 可导，则函数在点 x_0 一定连续，反之不成立.

4. 导数的几何意义：导数 $f'(x_0)$ 表示曲线 $y=f(x)$ 在点 x_0 处切线的斜率.

二、函数的求导法则

1. 常用的基本求导公式

$(C)'=0$；　　$(x^\mu)'=\mu x^{\mu-1}$；

$(\sin x)'=\cos x$；　　$(\cos x)'=-\sin x$；

$(\tan x)'=\sec^2 x$；　　$(\cot x)'=-\csc^2 x$；

$(\sec x)'=\sec x\tan x$；　　$(\csc x)'=-\csc x\cot x$；

$(a^x)'=a^x\ln a$；　　$(e^x)'=e^x$；

$(\log_a x)'=\dfrac{1}{x\ln a}$；　　$(\ln x)'=\dfrac{1}{x}$；

$(\arcsin x)'=\dfrac{1}{\sqrt{1-x^2}}$；　　$(\arccos x)'=-\dfrac{1}{\sqrt{1-x^2}}$；

$(\arctan x)'=\dfrac{1}{1+x^2}$；　　$(\text{arccot}\,x)'=-\dfrac{1}{1+x^2}$.

2. 和、差、积、商的求导法则：

(1) $(u \pm v)' = u' \pm v'$；　　(2) $(Cu)' = Cu'$；

(3) $(uv)' = u'v + uv'$；　　(4) $\left(\frac{u}{v}\right)' = \frac{u'v - uv'}{v^2}$.

3. 复合函数的求导法则：

函数 $y = f(u), u = g(x)$ 复合而成的函数 $y = f[g(x)]$ 的导数为

$$\frac{\mathrm{d}y}{\mathrm{d}x} = \frac{\mathrm{d}y}{\mathrm{d}u} \times \frac{\mathrm{d}u}{\mathrm{d}x}, \text{或者 } y'(x) = f'(u) \times g'(x).$$

复合函数的求导法则可以推广到多个中间变量的情形. 函数 $y = f(u), u = \varphi(v), v = \psi(x)$ 复合而成的函数 $y = f[\varphi[\psi(x)]]$ 的导数为

$$\frac{\mathrm{d}y}{\mathrm{d}x} = \frac{\mathrm{d}y}{\mathrm{d}u} \cdot \frac{\mathrm{d}u}{\mathrm{d}v} \cdot \frac{\mathrm{d}v}{\mathrm{d}x}, \text{或者 } y'(x) = f'(u) \cdot \varphi'(v) \cdot \psi'(x).$$

三、高阶导数

高阶导数的概念、求法.

四、隐函数及参数方程所确定函数的导数

1. 隐函数的导数

一般地，如果变量 x 和 y 满足一个方程 $F(x,y) = 0$，那么此方程确定一个隐函数 $y = y(x)$. 隐函数求导方法：等式 $F(x,y) = 0$ 两边对 x 求导，得到一个关于 y' 的一个方程，求出 y' 即可.

2. 对数求导法：在某些场合，利用对数求导法比通常的方法简便些. 这种方法现在函数 $y = f(x)$ 的两边取对数，然后再求出 y 的导数. 例如幂指函数 $f(x)^{g(x)}$ 的求导法.

令 $y = f(x)^{g(x)}$，两边取对数，得 $\ln y = g(x)\ln f(x)$，对其关于 x 求导

$$\frac{y'}{y} = g'(x)\ln f(x) + g(x)\frac{f'(x)}{f(x)}, y' = f(x)^{g(x)}\left[g'(x)\ln f(x) + g(x)\frac{f'(x)}{f(x)}\right].$$

3. 参数方程所确定函数的导数：参数方程 $\begin{cases} x = x(t) \\ y = y(t) \end{cases}$ 所确定函数的导数计算公式

$$\frac{\mathrm{d}y}{\mathrm{d}x} = \frac{\mathrm{d}y}{\mathrm{d}t} \cdot \frac{\mathrm{d}t}{\mathrm{d}x} = \frac{\mathrm{d}y}{\mathrm{d}t} \cdot \frac{1}{\frac{\mathrm{d}x}{\mathrm{d}t}} = \frac{\psi'(t)}{\varphi'(t)}.$$

$$\frac{\mathrm{d}^2 y}{\mathrm{d}x^2} = \frac{\mathrm{d}}{\mathrm{d}x}\left(\frac{\mathrm{d}y}{\mathrm{d}x}\right) = \frac{\mathrm{d}}{\mathrm{d}t}\left(\frac{\mathrm{d}y}{\mathrm{d}x}\right) \cdot \frac{\mathrm{d}t}{\mathrm{d}x} = \frac{\mathrm{d}}{\mathrm{d}t}\left(\frac{\mathrm{d}y}{\mathrm{d}x}\right) \cdot \frac{1}{\frac{\mathrm{d}x}{\mathrm{d}t}} = \frac{\psi''(t)\varphi'(t) - \psi'(t)\varphi''(t)}{\varphi'^3(t)}.$$

五、函数的微分

1. 微分的概念：如果函数的增量 $\Delta y = f(x_0 + \Delta x) - f(x)$ 可以表示为

$$\Delta y = A\Delta x + o(\Delta x),$$

则称函数 $y = f(x)$ 在点 x_0 可微,记作 $\mathrm{d}y$,即 $\mathrm{d}y = A\Delta x$.

2. 微分的几何意义:以曲线 $y = f(x)$ 的切线上点纵坐标的增量,即微分,来代替函数曲线 $y = f(x)$ 上的相应增量,这就是在局部"以直代曲",以线性代替非线性.

3. 可微与可导的关系:函数 $y = f(x)$ 在一点 x_0 处可微的充要条件是它在该点处可导,且 $\mathrm{d}y = f'(x_0)\Delta x$.

第二节　典型例题分析与求解

一、导数的定义

例 1　设 $f(x)$为其定义域上可导的函数,α,β 为常数,x_0 为其定义域中一点,试求

(1) $\lim\limits_{h\to 0}\dfrac{f(x_0+\alpha h)-f(x_0-\beta h)}{h}$;　　(2) $\lim\limits_{h\to 0}\dfrac{f^2(x+h)-f^2(x)}{h}$.

分析　本题中第一小题考察导数的定义,导数是差商的极限,即

$$f'(x_0)=\lim_{h\to 0}\frac{f(x_0+h)-f(x_0)}{h}$$

将导数的定义进一步推广,即

$$f'(x_0)=\lim_{\alpha h\to 0}\frac{f(x_0+\alpha h)-f(x_0)}{\alpha h}$$

由于分子上是 $f(x_0+\alpha h)-f(x_0-\beta h)$,比较定义可知,需要采用添、减项的技巧.

解　(1)
$$\begin{aligned}&\lim_{h\to 0}\frac{f(x_0+\alpha h)-f(x_0-\beta h)}{h}\\ =&\lim_{h\to 0}\frac{[f(x_0+\alpha h)-f(x_0)]-[f(x_0-\beta h)-f(x_0)]}{h}\\ =&\lim_{h\to 0}\left[\alpha\frac{f(x_0+\alpha h)-f(x_0)}{\alpha h}+\beta\frac{f(x_0-\beta h)-f(x_0)}{-\beta h}\right]\\ =&\alpha f'(x_0)+\beta f'(x_0)=(\alpha+\beta)f'(x_0).\end{aligned}$$

分析　第二小题本质上是求 $f^2(x)$的导数,考察了导数的定义及可导与连续的关系.需要知道函数在可导点一定连续.

解
$$\begin{aligned}\lim_{h\to 0}\frac{f^2(x+h)-f^2(x)}{h}&=\lim_{h\to 0}\frac{[f(x+h)-f(x)][f(x+h)+f(x)]}{h}\\&=2f(x)f'(x).\end{aligned}$$

例 2　求下列函数在给定点处的导数:

(1) 设 $f(x)=x(x-1)(x-2)\cdots(x-2009)$,求 $f'(0)$;

(2) 设 $f(x)=(x-a)g(x)$，其中函数 $g(x)$ 在 $x=a$ 处连续，求 $f'(a)$.

分析 本题中第一小题，如果先利用求导法则求出导函数，然后再求 $f'(0)$则相对繁琐些，而直接利用导数定义求 $f'(0)$则比较简单；当然如果使用一些技巧利用求导法则也较为方便. 第二小题由于没有给出 $g(x)$可导的条件只能用导数的定义求 $f'(a)$.

解 (1) **解法一**：利用导数定义. 有

$$f'(0)=\lim_{x\to0}\frac{f(x)-f(0)}{x-0}=\lim_{x\to0}\frac{x(x-1)(x-2)\cdots(x-2009)-0}{x-0}$$
$$=\lim_{x\to0}(x-1)(x-2)\cdots(x-2009)=-2009!.$$

解法二：利用求导法则. 因为 $f(x)=x(x-1)(x-2)\cdots(x-2009)$，记

$$h(x)=(x-1)(x-2)\cdots(x-2009)$$

则 $f(x)=xh(x)$. 利用求导法则可得

$$f'(x)=h(x)+xh'(x)$$

故 $f'(0)=h(0)=-2009!$.

(2) 因为 $g(x)$ 在 $x=a$ 处连续，而

$$f'(a)=\lim_{x\to a}\frac{f(x)-f(a)}{x-a}=\lim_{x\to a}\frac{(x-a)g(x)-0}{x-a}=\lim_{x\to a}g(x)=g(a).$$

例3 设 $f(x)=\begin{cases}\sin x, & x<0\\ \ln(ax+b), & x\geqslant0\end{cases}$，试确定常数 a,b 之值使得函数在$(-\infty,+\infty)$可导.

分析 因为可导必定是连续的，通常这类待定系数问题需要利用分段函数在特殊点(分段点)的连续性和可导定义确定常数 a,b 满足的方程组，求解方程组可得常数 a,b.

解 根据题意，函数在 $x=0$ 必连续，而

$$f(0-0)=\lim_{x\to0^-}\sin x=0,f(0+0)=\lim_{x\to0^+}\ln(ax+b)=\ln b=f(0),$$

由 $f(x)$在 $x=0$ 点连续的充要条件知，必有 $\ln b=0$，即 $b=1$.

由于要求函数 $f(x)$在$(-\infty,+\infty)$可导，则 $f(x)$必在 $x=0$ 点也可导，而

$$f'_-(0)=\lim_{x\to0^-}\frac{f(x)-f(0)}{x-0}=\lim_{x\to0^-}\frac{\sin x-0}{x}=1$$

$$f'_+(0)=\lim_{x\to0^+}\frac{f(x)-f(0)}{x-0}=\lim_{x\to0^-}\frac{\ln(ax+1)-0}{x}=a$$

由函数 $f(x)$ 在 $x=0$ 可导的充要条件 $f'_-(0)=f'_+(0)$，可得 $a=1$.

二、求导数

例4 求下列函数的导函数：

(1) $y=\ln[\cos(\arctan x)]$；　　(2) $y=\sqrt{x+\sqrt{x+\sqrt{x}}}$.

分析　本题第一小题是复合函数. 对于复合函数求导一定要将它分解成最基本的函数"单元"——即基本初等函数，然后再根据复合函数求导法则求导.

解　函数 $y=f(x)$ 是由 $y=\ln u, u=\cos v, v=\arctan x$ 复合而成的，则

$$y'=\frac{1}{u}\cdot(-\sin v)\cdot\frac{1}{1+x^2}=\frac{1}{\cos(\arctan x)}\cdot[-\sin(\arctan x)]\cdot\frac{1}{1+x^2}=-\frac{x}{1+x^2}.$$

分析　本题第二小题中所给函数是复合函数的四则运算构成的函数. 再求导时应根据具体情况，决定先用复合函数求导法则还是先用四则运算求导.

解　先用复合函数求导法则，再用四则运算

$$\begin{aligned}y'&=\frac{1}{2\sqrt{x+\sqrt{x+\sqrt{x}}}}(x+\sqrt{x+\sqrt{x}})'\\&=\frac{1}{2\sqrt{x+\sqrt{x+\sqrt{x}}}}\left[1+\frac{1}{2\sqrt{x+\sqrt{x}}}(x+\sqrt{x})'\right]\\&=\frac{1}{2\sqrt{x+\sqrt{x+\sqrt{x}}}}\left[1+\frac{1}{2\sqrt{x+\sqrt{x}}}\left(1+\frac{1}{2\sqrt{x}}\right)'\right].\end{aligned}$$

例 5　根据函数的特点，求下列函数的导函数：

(1) $y=x^{\sin x}+(\sin x)^x$；　(2) $y=\dfrac{\sqrt{x+2}(3-x)^4}{(x+1)^5}$；　(3) $y=\dfrac{\sqrt{1+x}-\sqrt{1-x}}{\sqrt{1+x}+\sqrt{1-x}}$.

分析　本题第一小题的函数是两个幂指函数之和. 求这类函数的导数，需要利用对数求导法，但需要分别对各个部分利用对数求导法，再求和.

第二小题是由较为简单的函数通过乘除或乘方得到的复杂函数，利用对数求导法则可以将函数化为求简单函数的导数再相加减.

而第三小题是两个无理函数的出发，通过观察可以发现这两个函数互为有理化因式，可以采用化简后再求导数的方法.

解　(1) $y=x^{\sin x}+(\sin x)^x=y_1+y_2$，而 $\ln y_1=\sin x\ln x, \ln y_2=x\ln\sin x$，

所以，

$$y_1'=y_1(\sin x\ln x)'=x^{\sin x}\left(\cos x\ln x+\frac{\sin x}{x}\right),$$

$$y_2'=y_2(x\ln\sin x)'=(\sin x)^x\left(\ln\sin x+x\frac{\cos x}{\sin x}\right)=(\sin x)^x(\ln\sin x+x\cot x)$$

所以，

$$y'=y_1'+y_2'=x^{\sin x}\left(\cos x\ln x+\frac{\sin x}{x}\right)+(\sin x)^x(\ln\sin x+x\cot x).$$

(2) 因 $\ln y=\frac{1}{2}\ln(x+2)+4\ln(3-x)-5\ln(x+1)$,

所以,

$$y'=\frac{\sqrt{x+2}(3-x)^4}{(x+1)^5}\left(\frac{1}{2(x+2)}-\frac{4}{3-x}-\frac{5}{x+1}\right).$$

(3) 将函数变形为

$$y=\frac{\sqrt{1+x}-\sqrt{1-x}}{\sqrt{1+x}+\sqrt{1-x}}=\frac{(\sqrt{1+x}-\sqrt{1-x})^2}{(\sqrt{1+x})^2-(\sqrt{1-x})^2}$$
$$=\frac{1-\sqrt{1-x^2}}{x}=\frac{1}{x}-\frac{\sqrt{1-x^2}}{x},$$

$$y'=\left(\frac{1}{x}\right)'-\left(\frac{\sqrt{1-x^2}}{x}\right)'=-\frac{1}{x^2}-\frac{-\frac{x^2}{\sqrt{1-x^2}}-\sqrt{1-x^2}}{x^2}$$
$$=-\frac{1}{x^2}+\frac{1}{x^2\sqrt{1-x^2}}=\frac{1}{x^2}\left(\frac{1}{\sqrt{1-x^2}}-1\right).$$

例 6 求函数 $f(x)=\ln(x+\sqrt{a+x^2})$ 的导数.

分析 本题关键之处在于对函数 $y=f(x)$ 的复合分解方法的理解. 它可以这样来分解

$$y=\ln u,\qquad u=x+\sqrt{a+x^2}$$

其中 $u=x+\sqrt{a+x^2}$ 是两个初等函数的和,但 $\sqrt{a+x^2}$ 不是基本初等函数,它还可以进行分解. 再记 $v=\sqrt{a+x^2}$,则函数 v 又可以分解为

$$v=\sqrt{w},\qquad w=a+x^2$$

其中 $v=\sqrt{w}$ 和函数 $w=a+x^2$ 都是基本函数了.

解 由复合函数求导法则,有

$$f'(x)=\frac{1}{(x+\sqrt{a+x^2})}(x+\sqrt{a+x^2})'=\frac{1}{(x+\sqrt{a+x^2})}[1+(\sqrt{a+x^2})']$$
$$=\frac{1}{(x+\sqrt{a+x^2})}\left[1+\frac{1}{2\sqrt{a+x^2}}\cdot(a+x^2)'\right]$$
$$=\frac{1}{(x+\sqrt{a+x^2})}\left[1+\frac{1}{2\sqrt{a+x^2}}\cdot 2x\right]$$

注意到上式中 $(a+x^2)'$ 这一项是出现在大括号[ ]的里面,而不是乘在外面.

对上式后一项继续通分并化简,则得

$$f'(x)=\frac{1}{(x+\sqrt{a+x^2})}\cdot\frac{\sqrt{a+x^2}+x}{\sqrt{a+x^2}}=\frac{1}{\sqrt{a+x^2}}.$$

本题的结论常常也是作为公式使用的.

例 7　已知 $\ln(\sqrt{x^2+y^2})=\arctan\frac{y}{x}$，求$\left.\frac{\mathrm{d}y}{\mathrm{d}x}\right|_{x=1}$.

分析　一般说来求隐含数的导数有方法：将 y 看作是 x 的函数，利用复合函数求导法.

解　方程两边对 x 求导得

$$\frac{1}{\sqrt{x^2+y^2}}\frac{1}{2\sqrt{x^2+y^2}}(2x+2yy')=\frac{1}{1+\left(\frac{y}{x}\right)^2}\frac{y'x-y}{x^2},$$

化简可得

$$y'=\frac{x+y}{x-y}$$

将 $x=1$ 代入方程 $\ln(\sqrt{x^2+y^2})=\arctan\frac{y}{x}$，可得 $y=0$. 故

$$\left.\frac{\mathrm{d}y}{\mathrm{d}x}\right|_{x=1}=\left.\frac{x+y}{x-y}\right|_{x=1}=1$$

例 8　已知 $\begin{cases}x=te^t,\\ ye^t+e^{ty}=2,\end{cases}$ 求 $\left.\frac{\mathrm{d}y}{\mathrm{d}x}\right|_{t=0}$.

分析　本题需要注意的是其中 $y=y(t)$ 是隐函数，故在求导时要用隐函数求导法.

解　先求 $\frac{\mathrm{d}x}{\mathrm{d}t}$，第一个方程两边对 t 求导，得

$$\frac{\mathrm{d}x}{\mathrm{d}t}=e^t+te^t=e^t(1+t)$$

再对第二个方程利用隐函数求导法求出 $\frac{\mathrm{d}y}{\mathrm{d}t}$. 由 $e^t\frac{\mathrm{d}y}{\mathrm{d}t}+ye^t+e^{ty}\left(y+t\frac{\mathrm{d}y}{\mathrm{d}t}\right)=0$，解得

$$\frac{\mathrm{d}y}{\mathrm{d}t}=-\frac{(e^t+e^{ty})}{e^t+te^{ty}}$$

$$\frac{\mathrm{d}y}{\mathrm{d}x}=\frac{\mathrm{d}y/\mathrm{d}t}{\mathrm{d}x/\mathrm{d}t}=-\frac{\frac{(e^t+e^{ty})y}{e^t+te^{ty}}}{(1+t)e^t}$$

在原方程中，令 $t=0$，得 $x=0, y=1$，从而 $\left.\frac{\mathrm{d}y}{\mathrm{d}t}\right|_{t=0}=-2$.

三、综合题

例 9　设函数 $f(x)$在$(0,+\infty)$上连续，对任意 $x_1,x_2\in(0,+\infty)$满足 $f(x_1\cdot x_2)=f(x_1)+f(x_2)$，已知 $f'(1)$存在且 $f'(1)=1$，试证明 $f(x)$在$(0,+\infty)$内可导，并求 $f'(x)$.

分析　抽象函数的导数问题，应按定义来求，又是求任意点的可导性，所以必须对任

意的 $x_0\in(0,+\infty)$，考虑其导数.

解 令 x_0 是 $(0,+\infty)$ 上的任意一点，则

$$f'(x_0)=\lim_{\Delta x\to 0}\frac{f(x_0+\Delta x)-f(x_0)}{\Delta x}$$

$$=\lim_{\Delta x\to 0}\frac{f\left(x_0\left(1+\frac{\Delta x}{x_0}\right)\right)-f(x_0)}{\Delta x}=\lim_{\Delta x\to 0}\frac{f\left(1+\frac{\Delta x}{x_0}\right)}{\Delta x}$$

又对 $x_1=1, f(x_1\cdot x_2)=f(x_2)=1+f(x_2)$，所以 $f(1)=0$，所以

$$f'(x_0)=\lim_{\Delta x\to 0}\frac{f\left(1+\frac{\Delta x}{x_0}\right)-f(1)}{\frac{\Delta x}{x_0}}\cdot\frac{1}{x_0}=\frac{1}{x_0}f'(1)$$

故 $f(x)$ 在 $(0,+\infty)$ 内可导，且 $f'(x)=\frac{1}{x}f'(1)$.

例 10 (1) 设曲线 $f(x)=x^3+ax$ 与 $g(x)=bx^2+c$ 都过点 $(-1,0)$ 且在点 $(-1,0)$ 处有公切线，求 a,b,c 的值.

(2) 证明：两条双曲线 $x^2-y^2=a^2$ 与 $xy=b$ 在交点 $(\alpha,\beta)(\alpha\neq 0,\beta\neq 0)$ 正交.

分析 (1) 要求 a,b,c 三个未知数的值，则需要三个方程来解出它们. 由题意，两条曲线都过 $(-1,0)$ 点可得两个方程. 再由在 $(-1,0)$ 出有公切线可得这两个函数在 $x=-1$ 的导数应该相同可得第三个方程. (2) 本例只需要分别求出两条双曲线在交点 $(\alpha,\beta)(\alpha\neq 0,\beta\neq 0)$ 的导数，验证二者互为负倒数即可.

解 (1) 由 $f(x),g(x)$ 都过 $(-1,0)$ 点，有

$$f(-1)=-1-a=0, g(-1)=b+c=0$$

再由在 $(-1,0)$ 出有公切线，即 $f'(-1)=g'(-1)$，可得

$$3+a=-2b$$

联立此三个方程，解得 $a=-1,b=-1,c=1$.

证明 (2) 分别对两个方程，利用隐函数求导法可得

$$2x-2yy'_1=0, \text{即 } y'_1=\frac{x}{y};$$

$$y+xy'_2=0, \text{即 } y'_2=-\frac{y}{x}.$$

显然有 $y'_1\cdot y'_2=\frac{\alpha}{\beta}\cdot\left(-\frac{\beta}{\alpha}\right)=-1$，故两条双曲线在点 $(\alpha,\beta)(\alpha\neq 0,\beta\neq 0)$ 正交.

例 11 最后让我们看一道应用性问题：一飞机在离地面 2 公里的高度，以每小时 200 公里的速度水平飞行到某目标上空，以便进行航空摄影. 试求飞机飞到该目标上空时，摄影机转动的角速度.

分析 用所学到的数学知识去解决不同背景下的实际问题，其一，往往是比较困难

的. 原因很简单,"学以致用"一般来说才是学习的最高的境界！其二,对应用性问题,我们必须分析问题的本质,善于把握和建立变量之间的内在联系. 且通过引进适当的变量,能把复杂问题用数学方法表达出来.

解　设飞机与目标的水平距离为 x(km). 从地面看,飞机的仰角为 θ(如图所示).

则由题意,已知

$$v=\frac{\mathrm{d}x}{\mathrm{d}t}=-200(\mathrm{km/h})$$

而要求的就是 $\frac{\mathrm{d}\theta}{\mathrm{d}t}$. 又因为

$$\theta=\arctan\frac{2}{x},$$

所以有角速度

$$\omega=\frac{\mathrm{d}\theta}{\mathrm{d}t}=\frac{\mathrm{d}\theta}{\mathrm{d}x}\cdot\frac{\mathrm{d}x}{\mathrm{d}t}=\frac{1}{1+\left(\frac{2}{x}\right)^2}\cdot\left(-\frac{2}{x^2}\right)\cdot\frac{\mathrm{d}x}{\mathrm{d}t}=-\frac{2}{x^2+4}\cdot\frac{\mathrm{d}x}{\mathrm{d}t},$$

而当飞机飞至目标上空时,角速度

$$\begin{aligned}\omega\Big|_{x=0}&=-\frac{2}{x^2+4}\cdot\frac{\mathrm{d}x}{\mathrm{d}t}\Big|_{x=0}=-\frac{2}{4}\cdot(-200)=100\ (\text{弧度/小时})\\&=100\cdot\frac{180}{\pi}/3600\ (\text{度/秒})\\&=\frac{5}{\pi}\approx 1.5915\ (\text{度/秒}).\end{aligned}$$

第三节　应用案例

本节是学生自学内容,我们将利用导数概念来研究一个非常重要而有趣的问题:地球的轨道方程与位置和其转动速度的研究.

实际问题:已知地球距太阳最远处(远日点)距离为 1.521×10^{11}(m),此时地球绕太阳运动(公转)的速度为 2.929×10^{4}(m/s),试求地球的轨道方程.

背景介绍:17 世纪初,在丹麦天文学家 T. Brache 观察工作的基础上,Kepler 提出了震惊当时科学界的行星运行三大定律:

(1) 行星运行的轨道是以太阳为一个焦点的椭圆;

(2) 从太阳指向某一行星的连线段在单位时间内扫过的面积相等;

(3) 行星运行周期的平方与其运行轨道椭圆长轴的立方之比值是不随行星而改变的常数.

这三条定律的分析和研究导致 Newton 发现了著名的万有引力定律. 同时应用万有

引力定律,Kepler的行星三大定律也得到了理论上的推导、证明.

关于万有引力定律和行星运行三大定律还有以下这样一个典故.17世纪初当时太阳系只有七大行星,其中天王星是最后(1781年)发现的.根据轨道计算结果,天王星的轨道位置存在不容忽视的误差.科学家猜想还有影响天王星轨道的其它行星.于是在1864年Adams(英)和Leverrier(法)分别推算出这颗可能存在的行星的位置.同年,天文学家找到了海王星.

地球轨道方程:轨道方程的建立基于动力学中的Newton第二定律.为简单起见,仅考虑太阳对地球的引力,而其它行星或星系对它的引力影响则忽略不计.

天文学知识告诉我们,地球绕太阳运动的轨道是一个平面轨道.现以太阳中心所在位置为极坐标之下复平面的原点.设任意时刻 t 地球所在的位置为 $Z(t)$,且设 t 时刻地球位置的直角坐标与极坐标分别为 (x,y) 和 (r,θ),即

$$Z(t)=x(t)+iy(t)=r(t)\mathrm{e}^{i\theta(t)}$$

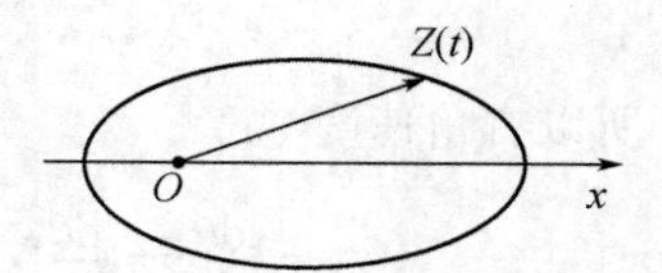

可见,无论找到了地球位置的直角坐标或极坐标方程,地球轨道就都完全确定了.

先求地球的速度

$$\frac{\mathrm{d}Z(t)}{\mathrm{d}t}=\frac{\mathrm{d}r}{\mathrm{d}t}\mathrm{e}^{i\theta}+ir\mathrm{e}^{i\theta}\frac{\mathrm{d}\theta}{\mathrm{d}t}=\mathrm{e}^{i\theta}\left(\frac{\mathrm{d}r}{\mathrm{d}t}+ir\frac{\mathrm{d}\theta}{\mathrm{d}t}\right)$$

接着求出加速度

$$\frac{\mathrm{d}^2Z}{\mathrm{d}t^2}=\mathrm{e}^{i\theta}\left[\left(\frac{\mathrm{d}^2r}{\mathrm{d}t^2}-r\left(\frac{\mathrm{d}\theta}{\mathrm{d}t}\right)^2\right)+i\left(r\frac{\mathrm{d}^2\theta}{\mathrm{d}t^2}+2\frac{\mathrm{d}r}{\mathrm{d}t}\frac{\mathrm{d}\theta}{\mathrm{d}t}\right)\right]$$

依Newton第二定律和万有引力定律,有

$$-\frac{mMG}{r^2}\mathrm{e}^{i\theta}=m\frac{\mathrm{d}^2Z}{\mathrm{d}t^2}$$

把速度与加速度代入该方程,得

$$-\frac{MG}{r^2}=\left(\frac{\mathrm{d}^2r}{\mathrm{d}t^2}-r\left(\frac{\mathrm{d}\theta}{\mathrm{d}t}\right)^2\right)+i\left(r\frac{\mathrm{d}^2\theta}{\mathrm{d}t^2}+2\frac{\mathrm{d}r}{\mathrm{d}t}\frac{\mathrm{d}\theta}{\mathrm{d}t}\right)$$

比较其实部与虚部,即有

$$\begin{cases}r\dfrac{\mathrm{d}^2\theta}{\mathrm{d}t^2}+2\dfrac{\mathrm{d}r}{\mathrm{d}t}\dfrac{\mathrm{d}\theta}{\mathrm{d}t}=0\\[2ex]\dfrac{\mathrm{d}^2r}{\mathrm{d}t^2}-r\left(\dfrac{\mathrm{d}\theta}{\mathrm{d}t}\right)^2=-\dfrac{MG}{r^2}\end{cases}\tag{2-1}$$

其中 $M=1.989\cdot10^{30}$(kg)为太阳的质量,m 为地球质量,$G=6.672\times10^{-11}$ $(\mathrm{N}\cdot\mathrm{m}^2/\mathrm{kg}^2)$ 为引力常数.

这就是地球轨道满足的方程了,不过它是个二阶微分方程组.请大家先记住这个方程.其求解过程需要相应的知识基础,也具有一定的难度.

如果再考虑到地球的初始状态，则还有下列初始条件

$$r\Big|_{t=0}=r_0,\quad \theta\Big|_{t=0}=0,\quad \frac{\mathrm{d}r}{\mathrm{d}t}\Big|_{t=0}=0,\quad \frac{\mathrm{d}\theta}{\mathrm{d}t}\Big|_{t=0}=\frac{v_0}{r_0}. \tag{2-2}$$

而其中 $r_o=1.521\times10^{11}(\mathrm{m})$，$v_o=2.929\times10^4(\mathrm{m/s})$ 分别为地球到太阳的远日距，地球在远日点的速率.

建立了地球的轨道方程(组)之后，如果我们还能够解出这个方程(组)，那么，我们就可以回答更多的有关地球运行的实际问题. 比如说地球的运行是否确实满足 Kepler 定律？也可求出地球到太阳的最近距离，地球绕太阳运转的实际周期，地球从远日点开始到任意时刻，比如到第 100 天时，地球的位置与速度等等.

地球轨道问题的进一步研究，我们要等学习到高等数学课程的第七章，即“微分方程”这一章之后才能去做.

可能在一大部分同学的思维中，地球轨道方程等问题是个很高深的、非常玄奥的实际问题. 但是我们今天已经初步看到，这个问题并没有想象中的那么高深莫测，它用我们正在学习的高等数学的知识就可以去初步研究和逐步解决它. 在第七章的应用案例中，到我们对地球轨道方程求解和对 Kepler 定律的验证等进一步研究之后，大家就更加能够体会这一点了.

第四节 练习题

2－1 导数的概念

1. 设 $f(x)=x^3$，试按定义求 $f'(-1)$.

2. 设 $f'(a)$存在，试求下列极限：

(1) $\lim\limits_{h\to 0}\dfrac{f(a-h)-f(a)}{h}$； (2) $\lim\limits_{h\to 0}\dfrac{f(a+3h)-f(a)}{h}$.

3. 如果 $f(x)$为偶函数，且 $f'(0)$存在，证明 $f'(0)=0$.

4. 求曲线 $y=e^x$ 上点(0,1)处的切线方程和法线方程.

5. 求下列函数在 $x=0$ 处的连续型和可导性：

(1) $y=|\sin x|$；

(2) $y=\begin{cases}x^2, x\geqslant 0\\ -x, x<0.\end{cases}$

6. 分段函数 $f(x)=\begin{cases}x^2, x\leqslant 1\\ ax+b, x>1\end{cases}$，为了使函数 $f(x)$ 在 $x=1$ 处连续且可导，a,b 应取什么值？

7. 已知 $f(x)=\begin{cases}\sin x, x<0\\ x, x\geqslant 0\end{cases}$，求 $f'(x)$.

2-2 函数的求导法则

1. 求下列函数的导数：

(1) $y=3x^2-\dfrac{2}{x^2}+5$；

(2) $y=5x^3-2^x+3\mathrm{e}^x$；

(3) $y=\sin x\cos x$；

(4) $y=x^2\ln x$；

(5) $y=x^3\mathrm{e}^x-\tan x$；

(6) $y=\dfrac{\mathrm{e}^x}{x^2}+\ln 3$；

(7) $y=\dfrac{\ln x}{x}$；

(8) $y=\dfrac{1+\sin x}{1+\cos x}$；

(9) $y=3e^{x}\cos x$；　　(10) $y=x^{2}\ln x\cos x$.

2. 求下列函数在给定点处的导数：

(1) $\rho=\varphi\sin\varphi+\frac{1}{2}\cos\varphi$，求 $\left.\frac{d\rho}{d\varphi}\right|_{\varphi=\frac{\pi}{4}}$；　　(2) $y=\frac{x^{3}}{x+1}+xe^{x}$，求 $\left.\frac{dy}{dx}\right|_{x=0}$.

3. 曲线 $y=x^{3}+x-2$ 上的哪一点的切线与直线 $y=4x-1$ 平行?

4. 求下列函数的导数：

(1) $y=(2x+5)^{4}$；　　(2) $y=\arcsin x^{2}$；

(3) $y = \ln\tan x$；

(4) $y = \sqrt{a^2 - x^2}$；

(5) $y = \sin^2 x$；

(6) $y = \ln(1 + x^2)$；

(7) $y = \left(\arctan\frac{x}{2}\right)^2$；

(8) $y = \ln[\ln(\ln x)]$.

5. 求下列函数的导数：

(1) $y = \sin^n x\cos nx$；

(2) $y = \sqrt{x - \sqrt{x}}$；

(3) $y = x\mathrm{e}^{-x^2}$；　　(4) $y = \dfrac{1}{1-\mathrm{e}^{-x}}$；

(5) $y = \ln\sqrt{1-x^2}$；　　(6) $y = \ln(x+\sqrt{a^2+x^2})$.

6. 设 $f(x)$是可导函数,求下列函数的导数：

(1) $y = f(x^2)$；　　(2) $y = f(\sin^2 x) + f(\cos^2 x)$.

2 - 3 高阶导数

1. 求下列函数的二阶导数：

(1) $y=(1+x^2)\operatorname{arccot}x$. 求 y''；　　(2) $y=xe^{x^2}$，求 y''.

2. 设 $f''(x)$存在，求下列函数的二阶导数 $\dfrac{d^2y}{dx^2}$.

(1) $y=f(x^2)$；　　(2) $y=\ln[f(x)]$.

3. 验证 $y = Ae^{\lambda x} + Be^{-\lambda x}$ (A, B, λ 是常数),满足关系式 $y'' - \lambda^2 y = 0$.

2-4 隐含书记参数方程所确定的函数的导数相关变化率

1. 求由下列方程所确定的隐函数 y 的导数$\frac{dy}{dx}$：

(1) $x^3+y^3-3axy=0$；　　　　(2) $xy=e^{x+y}$.

2. 求由 $y=1+xe^y$ 方程所确定的隐函数 $y=y(x)$ 的二阶导数 $\frac{d^2y}{dx^2}$.

3. 求曲线 $2y-x=(x-y)\ln(x-y)$ 上点 $(2,1)$ 处的切线方程和法线方程.

4. 用对数求导法求下列函数的导数.

(1) $y=x^x$；　　　　(2) $y=\dfrac{\sqrt{x+2}}{(x+1)^5}(3-x)^4$.

5. 求由参数方程 $\begin{cases} x=a\sin t \\ y=b\cos t \end{cases}$ 所确定的函数的导数 $\dfrac{\mathrm{d}y}{\mathrm{d}x}$ 和 $\dfrac{\mathrm{d}^2 y}{\mathrm{d}x^2}$.

6. 将水注入深 8 m、直径为 8 m 的正圆锥形容器中，其速率为 4 $\mathrm{m}^3/\mathrm{min}$，问当水深为 5 m 时，其上表面上升的速率为多少？

2－5　函数的微分

1. 已知函数 $y=x^3-x$，计算函数在 $x=2$ 处当 Δx 分别等于 1,0.1,0.01 时的 Δy 和 $\mathrm{d}y$.

2. 已知 $y=\sqrt{x^3+1}$，求 $\mathrm{d}y\Big|_{x=2}$，$\mathrm{d}y\Big|_{x=2,\Delta x=0.01}$.

3. 利用微分计算下列近似值：

(1) $\cos 29^\circ$；

(2) $\sqrt[3]{1.02}$.

第五节 自测题

一、填空题(每空 3 分,共 15 分)

1. 设 $f(x)$ 在 $x=x_0$ 处可导,即 $f'(x_0)$ 存在,则 $\lim\limits_{\Delta x\to 0}\dfrac{f(x_0-\Delta x)-f(x_0)}{\Delta x}=$ ________.

2. 曲线 $y=e^x$ 在点(0,1)处的切线方程为____________.

3. 设 $y=3a^x+e^x-\dfrac{2}{x}$, 则 $\dfrac{dy}{dx}=$ ____________.

4. 设 $y=e^x(x^2-3x+1)$, 则 $\left.\dfrac{dy}{dx}\right|_{x=0}=$ ________.

5. 曲线 $\begin{cases}x=t\cos t\\ y=t\sin t\end{cases}$ 在 $t=\dfrac{\pi}{2}$ 处的法线方程____________.

二、选择题(每题 3 分,共 15 分)

1. 设函数 $f(x)=\begin{cases}x^2, x\leqslant 1\\ ax+b, x>1\end{cases}$, 为了使函数 $f(x)$ 在 $x=1$ 处连续且可导,则有 ( )

A. $a=2,b=-1$　　B. $a=2,b=1$

C. $a=1,b=-2$　　D. $a=-2,b=1$

2. 关于函数 $y=\begin{cases}x^2\sin\dfrac{1}{x}, x\neq 0\\ 0, x=0\end{cases}$ 的在 $x=0$ 处叙述正确的是 ( )

A. 不连续　　B. 连续,但仅一阶可导

C. 连续且二阶可导　　D. 连续二阶可导

3. 设周期函数 $f(x)$ 在 $(-\infty,+\infty)$ 内可导,其最小正周期为 4,又 $\lim\limits_{x\to 0}\dfrac{f(1)-f(1-x)}{2x}=-1$, 则曲线 $y=f(x)$ 在点 $(5,f(5))$ 处的切线斜率为 ( )

A. $\dfrac{1}{2}$　　B. 0

C. -1　　D. -2

4. 设 $f(x)$ 在 $x=0$ 处可导, $F(x)=f(x)(1+|x|)$, 则 $f(0)=0$ 是 $F(x)$ 在 $x=0$ 处可导 ( )

A. 必要但非充分条件　　B. 既非充分又非必要条件

C. 充要条件　　D. 充分不必要条件

5. 设 $y=e^{f(x)}$, 且 $f(x)$ 二阶可导,则 $y''=$ ( )

A. $e^{f(x)}[f'(x)+f''(x)]$　　B. $e^{f(x)}\{[f'(x)]^2+f''(x)\}$

C. $e^{f(x)}$　　D. $f''(x)e^{f(x)}$

三、求下列各函数的一阶导数(每题 7 分,共 28 分)

(1) $y=\dfrac{1}{1+x+x^2}$;

(2) $y=\ln(x+\sqrt{1+x^2})$;

(3) $y=x^{\sin x}$;

(4) $y=\ln\tan\dfrac{x}{2}-\cos x\ln\tan x$.

四、求下列方程所确定函数 y 的导数 $\frac{dy}{dx}$（每题 7 分，共 14 分）

(1) $x - y + \frac{1}{2}\sin y = 0$；

(2) $\begin{cases} x = \ln(1+t) \\ y = \arctan t \end{cases}$.

五、(10 分)试求曲线 $x^2 + xy + 2y^2 - 28 = 0$ 在点(2,3)处的切线方程与法线方程.

六、(10 分)证明:双曲线 $xy = a$ 上任意点(x_0, y_0)的切线与坐标轴所围成的三角形的面积是常数.

七、(8 分)设 $f(x)$在$(-\infty, +\infty)$上有定义,对于任何 $x, y \in (-\infty, +\infty)$有 $f(x+y) = f(x)f(y)$, 且 $f'(0)=1$,证明:当 $x \in (-\infty, +\infty)$时,$f'(x)=f(x)$.

第六节　练习题与自测题答案

练习题答案

2－1

1. 3
2. (1) $-f'(a)$;(2) $3f'(a)$.
3. 证明略.
4. 切线方程 $y=x+1$，法线方程 $y=-x+1$.
5. (1) 连续，不可导；(2) 连续，不可导.
6. $a=2,b=-1$.
7. $f'(x)=\begin{cases}\cos x, x<0\\1, x\geqslant 0\end{cases}$.

2－2

1. (1) $6x+\dfrac{4}{x^3}$;　(2) $15x^2-2^x\ln 2+3e^x$;　(3) $\cos 2x$;(4) $x(1+2\ln x)$;

(5) $x^2e^x(x+3)-\sec^2 x$;　(6) $\dfrac{(x-2)e^x}{x^3}$;　(7) $\dfrac{1-\ln x}{x^2}$;　(8) $\dfrac{1+\cos x+\sin x}{(1+\cos x)^2}$;

(9) $3e^x(\cos x-\sin x)$;　(10) $x\ln x(2\cos x-x\sin x)+x\cos x$.

2. (1) $\dfrac{\sqrt{2}}{4}\left(1+\dfrac{\pi}{2}\right)$;　(2) 1.
3. $(-1,-4),(1,0)$.
4. (1) $8\cdot(2x+5)^3$;　(2) $\dfrac{2x}{\sqrt{1-x^4}}$;　(3) $\dfrac{\sec^2 x}{\tan x}$;　(4) $-\dfrac{x}{\sqrt{a^2-x^2}}$;

(5) $\sin 2x$;　(6) $\dfrac{2x}{1+x^2}$;　(7) $\dfrac{1}{1+\dfrac{x^2}{4}}\arctan\dfrac{x}{2}$;　(8) $\dfrac{1}{\ln\ln x}\cdot\dfrac{1}{\ln x}\cdot\dfrac{1}{x}$.

5. (1) $n\sin^{n-1}x\cos(n+1)x$　(2) $\dfrac{2\sqrt{x}-1}{4\sqrt{x}\sqrt{x-\sqrt{x}}}$;　(3) $(1-2x^2)e^{-x^2}$;

(4) $\dfrac{-e^{-x}}{(1-e^{-x})^2}$;　(5) $-\dfrac{x}{1-x^2}$;　(6) $\dfrac{1}{\sqrt{a^2+x^2}}$.

6. (1) $2xf'(x^2)$;　(2) $\sin 2x(f'(\sin^2 x)-f'(\cos^2 x))$.

2－3

1. (1) $2\arctan x+\dfrac{2x}{1+x^2}$;　(2) $2xe^{x^2}(3+2x^2)$.
2. (1) $2f'(x^2)+4x^2f''(x^2)$;　(2) $\dfrac{f'(x)}{f(x)},\dfrac{f''(x)f(x)-(f'(x))^2}{f^2(x)}$.

3. 证明略.

2-4

1. (1) $\dfrac{ay-x^2}{y^2-ax}$； (2) $\dfrac{e^{x+y}-y}{x-e^{x+y}}$.

2. $\dfrac{e^{2y}(3-y)}{(2-y)^3}$.

3. 切线方程 $2x-3y-1=0$，法线方程 $3x+2y-8=0$.

4. (1) $x^x(1+\ln x)$；(2) $\dfrac{\sqrt{x+2}\,(3-x)^4}{(x+1)^5}\left[\dfrac{1}{2(x+2)}-\dfrac{4}{3-x}-\dfrac{5}{x+1}\right]$.

5. $-\dfrac{b}{a}\tan t, -\dfrac{b}{a^2}\sec^3 t$. 6. $\dfrac{16}{25\pi}$ m/min.

2-5

1. 当 $\Delta x=1$ 时，$\Delta y=18, \mathrm{d}y=11$；当 $\Delta x=0.1$ 时，$\Delta y=1.161, \mathrm{d}y=1.1$；
当 $\Delta x=0.01$ 时，$\Delta y=0.110\,601, \mathrm{d}y=0.11$；

2. $2\mathrm{d}x, 0.02$.

3. (1) 0.87476；(2) 1.007.

自测题答案

一、(1) $-f'(x_0)$； (2) $x-y+1=0$； (3) $3a^x\ln a+e^x+\dfrac{2}{x^2}$； (4) -2；

(5) $\dfrac{\pi}{2}x-y+\dfrac{\pi}{2}=0$.

二、1. A 2. B 3. D 4. C 5. B

三、(1) $-\dfrac{1+2x}{(1+x+x^2)}$； (2) $\dfrac{1}{\sqrt{1+x^2}}$； (3) $x^{\sin x}\cos x\ln x+\sin x\cdot x^{\sin x-1}$；

(4) $\sin x\ln\tan x$.

四、(1) $\dfrac{2}{2-\cos y}$； (2) $\dfrac{1+t}{1+t^2}$.

五、切线方程 $x+2y-8=0$，法线方程 $2x-y-1=0$.

六、略.

七、略.

第三章　微分中值定理与导数应用

第一节　内容提要

一、微分中值定理

1. 费尔马引理:设函数 $f(x)$在 x_0 点可导,且在 x_0 点的某一邻域 $(x_0-\delta,x_0+\delta)$ 内恒有 $f(x)\leqslant f(x_0)$ 或 $f(x)\geqslant f(x_0)$,即 $f(x)$在 x_0 处取得极大或极小值,则 $f'(x_0)=0$.

其几何意义是:当曲线 $y=f(x)$ 上某一点$(x_0,f(x_0))$ 的高度与它邻近点的高度相比是最高或最低,当曲线在这一点有切线时,则该切线一定与 x 轴平行.

2. 罗尔定理:设函数 $f(x)$ 在$[a,b]$上连续,(a,b) 内可导,且 $f(a)=f(b)$,则在(a,b)内至少有一点 ξ,使得 $f'(\xi)=0$.

其几何意义是:若处处有切线的连续曲线的两端点的弦与 x 轴平行,则此曲线上至少有一点的切线平行于 x 轴.

3. 拉格朗日中值定理:设函数 $f(x)$在$[a,b]$上连续,(a,b)内可导;则在(a,b)内至少有一点 ξ,使得

$$f(b)-f(a)=f'(\xi)(b-a).$$

其几何意义是:若曲线上处处有不垂直于 x 轴的切线,则在曲线上至少可以找到一点使得该点的切线与弦平行.

4. 柯西中值定理:设两个函数 $f(x)$,$g(x)$ 在$[a,b]$上连续,(a,b) 内可导,且 $g'(x)\neq 0$,则在(a,b) 内至少有一点 ξ, 使得

$$\frac{f(b)-f(a)}{g(b)-g(a)}=\frac{f'(\xi)}{g'(\xi)}.$$

二、洛必达法则

1. $\dfrac{0}{0}\left(或\dfrac{\infty}{\infty}\right)$型:如果函数 $f(x)$,$g(x)$ 满足条件:

(1) $\lim f(x)=0$(或 ∞),$\lim g(x)=0$(或 ∞).

(2) 导数 $f'(x)$ 和 $g'(x)$ 存在,且 $g'(x)\neq 0$.

(3) $\lim\dfrac{f'(x)}{g'(x)}$ 存在(或无穷),则

$$\lim\frac{f(x)}{g(x)}=\lim\frac{f'(x)}{g'(x)}.$$

2. 其它类型:其它类型的未定式,也可通过$\frac{0}{0}$或$\frac{\infty}{\infty}$型的未定式来计算.

(1) $0\cdot\infty$:通过变形,转化为$\frac{0}{0}$或者$\frac{\infty}{\infty}$.

(2) $\infty-\infty$:通过变形,转化为$\frac{1}{0}-\frac{1}{0}$,通分,转化为$\frac{0}{0}$.

(3) $0^0,1^\infty,\infty^0$:取对数,转化为$0\cdot\infty$.

三、泰勒公式

1. 泰勒公式:如果函数$f(x)$在含有x_0的某个开区间(a,b)有直到$(n+1)$阶的导数,则对任一$x\in(a,b)$有

$$f(x)=f(x_0)+f'(x_0)(x-x_0)+\frac{f''(x_0)}{2!}(x-x_0)^2+\cdots+\frac{f^{(n)}(x_0)}{n!}(x-x_0)^n+R_n(x)$$

其中$R_n(x)$称为余项,且$R_n(x)=\frac{f^{(n+1)}(\xi)}{(n+1)!}(x-x_0)^{n+1}$($\xi$在$x_0$与$x$间),上面的展开式称为函数$f(x)$的泰勒展开公式.取$x_0=0$,此时展开式称为麦克劳林公式.

2. 常见函数$e^x,\sin x,\cos x,\frac{1}{1-x}$等的泰勒展开公式.

四、函数的单调性与曲线的凹凸性

1. 单调性判定:设函数$y=f(x)$在区间(a,b)内可微,若$\forall x\in(a,b)$,恒有$f'(x)>0(f'(x)<0)$,则$f(x)$在(a,b)内单调递增(递减).

2. 曲线的凹凸性

(1) 凹凸性判定:在区间(a,b)上$f(x)$可导,如$\forall x\in(a,b)$,$f''(x)>0(<0)$,则曲线$y=f(x)$在(a,b)内是凹(凸)的.

(2) 拐点:在连续曲线上凹凸部分的分界点称为曲线的拐点.可能的拐点:使$f''(x)=0$和$f''(x)$不存在的点.

五、函数的极值与最值

1. 极值

(1) 可能极值点:$f'(x)$不存在的点与$f'(x)=0$的点(驻点).另外在可导的条件之下,极值点必为驻点,但反之未必成立.

(2) 两种极值判别的方法:(i)利用一阶导数;(ii)利用二阶导数.

2. 函数的最值

(1) 求出$[a,b]$内可能的极值点,不需判别极大还是极小,直接求出它们的函数值,再与端点的函数值进行比较,其中最大的(小)即为最大(小)值.

(2) 在(a,b)内极值点唯一,如是极小值,则为最小值;如是极大值,则为最大值.

(3) 如果恒有$f'(x)>0(<0)$,则区间端点值$f(a)$、$f(b)$分别为函数的最小(最大)、

最大(最小)值.

(4) 对实际求最值问题,得到唯一的驻点后,往往不需要去判定该驻点是否为所求的最值点,而是根据问题的实际意义,该唯一驻点一般即为所求的最值点.

六、函数图形的描绘

1. 渐近线

水平渐近线:如果$\lim\limits_{x\to\infty}f(x)=a$,则称直线 $y=a$ 为曲线 $y=f(x)$ 的水平渐近线.

垂直渐近线:如果$\lim\limits_{x\to x_0}f(x)=\infty$,则称直线 $x=x_0$ 为曲线 $y=f(x)$ 的垂直渐近线.

斜渐近线:如果 $\lim\limits_{x\to+\infty}[f(x)-(ax+b)]=0$,则称直线 $y=ax+b$ 为曲线 $y=f(x)$ 的斜渐近线.

2. 描绘函数图形的一般步骤:

(1) 求函数 $y=f(x)$ 的定义域,并讨论其对称性(一般指函数的奇偶性)和周期性.

(2) 讨论函数 $y=f(x)$ 的单调性、极值点和极值.

(3) 讨论函数 $y=f(x)$ 的凹凸区间和拐点.

(4) 求函数 $y=f(x)$ 曲线的水平渐近线、垂直渐近线和斜渐近线.

(5) 根据需要补充函数 $y=f(x)$ 曲线上的一些关键点(如曲线与坐标轴的交点等等).

(6) 描点作图.

描点、手工作图方法是作图的基本思想,也有一定的工作量.感兴趣的同学可以在课外自学用 Mathematica 或 Matlab 等已有的国际流行的数学工程软件来作图.

七、曲率和曲率半径

(1) 曲率:$K=\dfrac{|y''|}{(1+y'^2)^{\frac{3}{2}}}$.　　(2) 曲率半径:$\rho=\dfrac{1}{K}$.

第二节　典型例题分析与求解

一、中值定理

例 1　设 $f(x)$ 在$[0,1]$上连续,在$(0,1)$内可导,且 $f(0)=f(1)=0$,$f\left(\dfrac{1}{2}\right)=1$,试证至少存在一点 $\xi\in(0,1)$,使 $f'(\xi)=1$.

分析　本题欲证 $f'(\xi)=1$,即证 $f'(\xi)-1=0$,亦即$[f(x)-x]'_{x=\xi}=0$,故应构造函数 $F(x)=f(x)-x$.但因为

$$F(0)=f(0)-0=0,F(1)=f(1)-1\neq 0,$$

所以无法在区间$[0,1]$利用罗尔定理,故需要重新选择区间.

证明 构造函数 $F(x)=f(x)-x$，则 $F(0)=f(0)-0=0$. 又 $F(x)$ 在区间 $\left[\frac{1}{2},1\right]$ 上连续，且

$$F\left(\frac{1}{2}\right)=f\left(\frac{1}{2}\right)-\frac{1}{2}>0,F(1)=f(1)-1<0$$

由零点定理可知，存在 $\eta\in\left(\frac{1}{2},1\right)$，使

$$F(\eta)=0$$

于是，$F(x)$ 在区间 $[0,\eta]$ 上满足罗尔定理的条件，故存在一点 $\xi\in(0,\eta)\in(0,1)$，使

$$F'(\xi)=0,\text{即 } f'(\xi)=1.$$

例 2 设 $f(x)$ 在 $[a,b]$ 上连续，在 (a,b) 内二阶可导，过点 $A(a,f(a))$ 和点 $B(b,f(b))$ 的直线与曲线 $y=f(x)$ 相交于点 $C(c,f(c))$，其中 $a<c<b$，证明存在一点 $\xi\in(a,b)$，使 $f''(\xi)=0$.

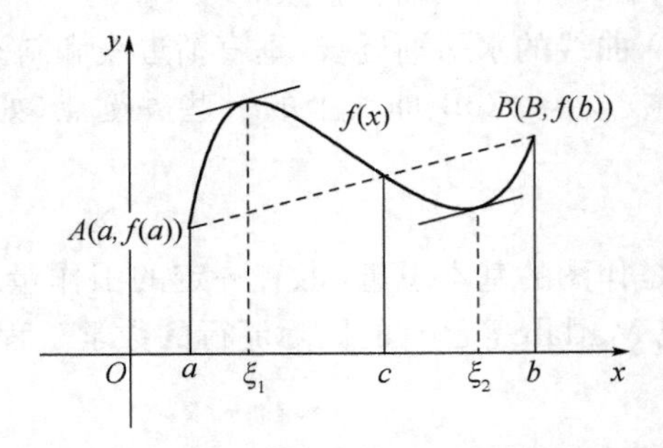

分析 欲证 $f''(\xi)=0$，经分析易知，需要证明 $f'(x)$ 在 $[a,b]$ 的某子区间上满足罗尔定理的条件. 即要求在区间 (a,c) 和 (c,b) 内分别存在 ξ_1,ξ_2，这两个点的一阶导数值，即两个点处曲线切线的斜率相等

$$f'(\xi_1)=f'(\xi_2)$$

比如说都等于直线 AB 的斜率. 依题意，这样的两个点是可以找到的.

证明 设 $f(x)$ 在 $[a,c]$ 和 $[c,b]$ 上连续，在 (a,c) 和 (c,b) 内可导，在这两个区间上分别利用拉格朗日中值定理，存在 $\xi_1\in(a,c),\xi_2\in(c,b)$，使

$$f'(\xi_1)=\frac{f(c)-f(a)}{c-a},f'(\xi_2)=\frac{f(b)-f(c)}{b-c}$$

又因为 A,B,C 三点共线，所以有 $f'(\xi_1)=f'(\xi_2)$. 于是 $f'(x)$ 在区间 $[\xi_1,\xi_2]$ 上满足罗尔定理条件，故存在 $\xi\in(\xi_1,\xi_2)\subset(a,b)$，使 $f''(\xi)=0$.

例 3 设函数 $f(x)$ 在 $[a,b]$ 上连续，在 (a,b) 上可导，且 $f'(x)\neq 0,x\in(a,b)$. 证明：在 (a,b) 内存在 ξ 和 η，使得

$$f'(\xi)=\frac{a+b}{2\eta}f'(\eta).$$

分析　本题待证明等式中含有两个中值 ξ,η，需要将含有 ξ,η 的项分离到等式的不同端，然后再考虑利用何种中值定理. 将 ξ,η 分离可得

$$\frac{f'(\eta)}{2\eta}(a+b)=f'(\xi),$$

等式左端第一部分显然是对函数 $f(x),x^2$ 利用 Cauchy 中值定理的结果，利用 Cauchy 中值定理后，只要再对 $f(x)$利用一次 Lagrange 中值定理，则可得结论.

证明　取 $F(x)=x^2$，显然 $F(x)\in C[a,b]$，$F(x)\in D(a,b)$，且 $F'(x)=2x\neq 0$，则由 Cauchy 中值定理知，存在 $\eta\in(a,b)$，使得

$$\frac{f(b)-f(a)}{F(b)-F(a)}=\frac{f'(\eta)}{F'(\eta)},\text{即}\frac{f(b)-f(a)}{b^2-a^2}=\frac{f'(\eta)}{2\eta}$$

化简可得

$$\frac{f(b)-f(a)}{b-a}=\frac{f'(\eta)}{2\eta}(a+b)$$

再对函数 $f(x)$利用一次 Lagrange 中值定理可得，存在 $\xi\in(a,b)$使得

$$\frac{f(b)-f(a)}{b-a}=f'(\xi).$$

综上所述，则可得结论成立.

二、洛必达法则

例 4　求下列极限：

(1) $\lim\limits_{x\to 0}\dfrac{x-\ln(1+x)}{x\ln(1+x)}$；　　(2) $\lim\limits_{x\to 0}\dfrac{xe^{2x}+xe^x-2e^{2x}+2e^x}{x\sin^2 x}$.

分析　本题中(1) 属“$\dfrac{0}{0}$”未定式，且分母中出现因子 $\ln(1+x)$，可先利用等价无穷小替换，再利用洛必达法则，是求解过程简单. 第(2) 题极限式子中出现有非零极限 e^x，故先用极限乘法把它分离出去，然后再利用洛必达法则.

解　(1) $\lim\limits_{x\to 0}\dfrac{x-\ln(1+x)}{x\ln(1+x)}=\lim\limits_{x\to 0}\dfrac{x-\ln(1+x)}{x^2}=\lim\limits_{x\to 0}\dfrac{1-\dfrac{1}{1+x}}{x^2}$

$$=\lim_{x\to 0}\frac{1}{2(1+x)}=\frac{1}{2}.$$

(2) $\lim\limits_{x\to 0}\dfrac{xe^{2x}+xe^x-2e^{2x}+2e^x}{x\sin^2 x}=\lim\limits_{x\to 0}e^x\cdot\dfrac{xe^x+x-2e^x+2}{x\sin^2 x}$.

$$=\lim_{x\to 0}\frac{xe^x+x-2e^x+2}{x^3}=\lim_{x\to 0}\frac{xe^x-e^x+1}{3x^2}=\lim_{x\to 0}\frac{e^x}{6x}=\frac{1}{6}.$$

例 5　求下列极限：

(1) $\lim\limits_{x\to 1}\left(\dfrac{1}{\ln x}-\dfrac{1}{x-1}\right)$；　　(2) $\lim\limits_{x\to 0^+}(\tan x)^{\sin x}$.

分析　本题中(1)属“$\infty-\infty$”型未定式,可通过通分的方法转化为“$\frac{0}{0}$”型,再用洛必达法则.第(2)题属“0^0”型未定式,利用对数性质将其转化为“$\frac{0}{0}$”型或“$\frac{\infty}{\infty}$”型.

解　(1) $\lim\limits_{x\to1}\left(\frac{1}{\ln x}-\frac{1}{x-1}\right)=\lim\limits_{x\to1}\frac{x-1-\ln x}{(x-1)\ln x}=\lim\limits_{x\to1}\frac{1-\frac{1}{x}}{\ln x+\frac{x-1}{x}}$

$$=\lim_{x\to1}\frac{x-1}{x\ln x+x-1}=\lim_{x\to1}\frac{1}{\ln x+1+1}=\frac{1}{2}.$$

(2) 令 $y=(\tan x)^{\sin x}$,则 $\ln y=\sin x\ln\tan x$,而

$$\lim_{x\to0^+}\sin x\ln\tan x=\lim_{x\to0^+}\frac{\ln\tan x}{\csc x}=\lim_{x\to0^+}\frac{\frac{\sec^2x}{\tan x}}{-\csc x\cot x}=\lim_{x\to0^+}\frac{-\sin x}{\cos^2x}=0$$

故 $\lim\limits_{x\to0^+}(\tan x)^{\sin x}=e^0=1$.

三、导数的应用

例6　利用导数证明:当 $x>1$ 时,$\frac{\ln(1+x)}{\ln x}>\frac{x}{1+x}$.

分析　在自变量的某一范围内证明两个函数的大小,通常的做法是把不等式两端相减作为辅助函数,利用函数的单调性及初值,得到两个函数的大小.本题如果直接相减,则是两个做除法的函数,不方便求导数,我们可以利用不等式的性质将其化为相乘的函数相减.

证明　令 $f(x)=(1+x)\ln(1+x)-x\ln x$,因为

$$f'(x)=\ln(1+x)-\ln x=\ln\left(1+\frac{1}{x}\right)>0,$$

所以 $f(x)$ 在 $[1,+\infty)$ 上单调递增.从而当 $x>1$ 时,$f(x)>f(1)=2\ln2>0$,即当 $x>1$ 时,

$$\frac{\ln(1+x)}{\ln x}>\frac{x}{1+x}.$$

例7　在椭圆 $\frac{x^2}{2}+\frac{y^2}{4}=1$ 中,嵌入有最大面积而边平行于椭圆轴的矩形,确定此矩形.

解法一:设 (x,y) 为椭圆在第一象限中的任一点,内接矩形边长分别为 $2x,2y$,则内接矩形的面积为

$$A(x)=4xy=4x\cdot2\sqrt{1-\frac{x^2}{2}}$$

设 $f(x)=A^2(x)$,则

$$f(x)=64x^2\cdot\left(1-\frac{x^2}{2}\right)=32x^2(2-x^2)$$

$$f'(x)=64x(2-x^2)+32x^2(-2x)=128x(1-x^2)$$

令 $f'(x)=0$,得 $x=0$(舍去),$x=-1$(舍去),$x=1$. 故 $f(1)=A^2(1)$ 是最大值,因此 $A(1)$ 也是最大值,且 $x=1,y=1$ 时内接矩形面积达到最大.

解法二:椭圆的参数方程为

$$\begin{cases}x=\sqrt{2}\cos t\\ y=2\sin t\end{cases}$$

对于第一象限内的点(x,y)来说参数的取值范围是 $0<t<\frac{\pi}{2}$,则矩形的面积为

$$A(t)=4xy=8\sqrt{2}\sin t\cos t=4\sqrt{2}\sin 2t$$

当 $0<t<\frac{\pi}{2}$ 时,$0<A(t)<4\sqrt{2}$,且当 $t=\frac{\pi}{4}$ 时,$A\left(\frac{\pi}{4}\right)=4\sqrt{2}$ 为最大值,即第一象限内的点 $x=1,y=1$ 时内接矩形面积达到最大.

例 8　设函数 $y=\frac{x^3}{(x-1)^2}$,

求:(1) 函数的单调区间与极值;

(2) 函数的凹凸区间与拐点;

(3) 函数的渐进线.

分析　本例是常见题型,需要分别求一阶导数和二阶导数确定函数的单调区间和凹凸区间,根据函数的极限确定渐进线.

解　函数的定义域为 $(-\infty,1)\cup(1,+\infty)$,其导函数

$$y'=\frac{x^2(x-3)}{(x-1)^3}$$

令 $y'=0$,得函数的驻点为 $x=0$ 和 $x=3$. 二阶导函数

$$y''=\frac{6x}{(x-1)^4}$$

令 $y''=0$,得 $x=0$. 函数的增减性和凹凸性列表如下:

x	$(-\infty,0)$	0	$(0,1)$	$(1,3)$	3	$(3,+\infty)$
y'	+	0	+	−	0	+
y''	−	0	+	+	+	+
y	单调增加上凸	拐点	单调增上凹	单调减少上凹	极小值	单调增加上凹

(1) 函数的单调增区间为$(-\infty,1)\cup(3,+\infty)$,单调减区间为$(1,3)$,极小值为 $y(3)=\frac{27}{4}$.

(2) 函数的上凸区间为$(-\infty,0)$,上凹区间为$(0,1)\cup(1,+\infty)$,拐点为$(0,0)$.

(3) 因为$\lim\limits_{x\to1}y=+\infty$,所以$x=1$为曲线的铅直渐进线,又$\lim\limits_{x\to\infty}\dfrac{y}{x}=1$,$\lim\limits_{x\to\infty}(y-x)=2$,所以$y=x+2$为曲线的斜渐进线.

例9　设函数$y=y(x)$是由方程$2y^3-2y^2+2xy-x^2-1=0$确定的,求函数$y=y(x)$的驻点并判断其是否为极值点.

分析　要求出函数的驻点,只要$y'=0$,判断其是否为极值点,要考虑二阶导数符号.

解　方程$2y^3-2y^2+2xy-x^2-1=0$两边对x求导数,得

$$6y^2y'-4yy'+2y+2xy'-2x=0 \tag{3-1}$$

令$y'=0$可得$y=x$,再把$y=x$代入原方程得$x=1$.

对(3-1)式继续求对x的导数并化简得

$$(3y^2-2y+x)y''+2(3y-1)y'^2+2y'-1=0 \tag{3-2}$$

将$x=y=1$代入(3-2)式,可得$y''(1)=\dfrac{1}{2}>0$.从而当$x=1$时,函数$y=y(x)$取得极小值$y=1$.

例10　证明:$f(x)=\left(1+\dfrac{1}{x}\right)^x$在$(0,+\infty)$上单调增加.

分析　要求函数$f(x)$在$(0,+\infty)$上单调增加,只需证明其导数$f'(x)$在$(0,+\infty)$上大于等于零即可.由于$f(x)$是幂指函数,在$(0,+\infty)$上$f(x)>0$,所以可用对数求导法.

解　令$y=\ln f(x)=x\ln\left(1+\dfrac{1}{x}\right)=x[\ln(x+1)-\ln x]$,则

$$y'=\frac{f'(x)}{f(x)}=\ln\left(1+\frac{1}{x}\right)+x\left(\frac{1}{x+1}-\frac{1}{x}\right)=\ln\left(1+\frac{1}{x}\right)-\frac{1}{x+1}$$

此式不太容易看出y'的符号.令$g(x)=\ln\left(1+\dfrac{1}{x}\right)-\dfrac{1}{x+1}$,则

$$g'(x)=\left(\frac{1}{x+1}-\frac{1}{x}\right)+\frac{1}{(x+1)^2}=-\frac{1}{(x+1)x}+\frac{1}{(x+1)^2}=\frac{1}{x+1}\left(\frac{1}{x+1}-\frac{1}{x}\right)<0$$

易知在$(0,+\infty)$上,恒有$g'(x)<0$,故函数$g(x)$在$(0,+\infty)$上单调递减,而$g(\infty)=\lim\limits_{x\to\infty}\left(\ln\left(1+\dfrac{1}{x}\right)-\dfrac{1}{x+1}\right)=0$,所以

$$g(x)>g(\infty)=0,x\in(0,+\infty)$$

即$y'(x)>0$,所以函数$y(x)$在$(0,+\infty)$上单调增加,于是函数$f(x)$在$(0,+\infty)$上单调增加.

第三节　应用案例

本节是学生自学内容.在第一章的应用案例中,我们探讨了下列方程($e^x-x-2=0$)根的存在性的证明和根的具体计算问题.在第二种方法,即迭代法中,使用了如下的迭代格式与迭代公式.

$$x=\ln(x+2)\overset{\Delta}{=}g(x),和取\ x_0=1,并令\ x_{n+1}\overset{\Delta}{=}g(x_n),n=1,2,3,\cdots$$

迭代得到的数列 $\{x_n\}$ 确实是收敛的,并且对迭代公式两边取极限,不难看到数列$\{x_n\}$ 的极限 x^* (≈ 1.1462) 就是所求方程在区间$(0,2)$ 内的根.

但是,是不是随便采用什么迭代公式,所产生的相应的迭代数列都是收敛的呢? 对上述方程,请看,若用下面的迭代格式与迭代公式

$$x=e^x-2\overset{\Delta}{=}h(x),并取\ x_0=1.2,x_{n+1}\overset{\Delta}{=}h(x_n),n=1,2,3,\cdots$$

这时迭代产生的数列$\{x_n\}$为

迭代步数 n	x_n
0	1.2000
1	1.3201
2	1.7439
3	3.7194
4	39.2385
5	0.1099×10^{18}

它显然是发散的.

问题提出:由上面的讨论,我们自然想到这样两方面的问题:首先是一种迭代方法在什么情况下才是收敛的? 其次是不同的迭代方法哪个会收敛得更快些?

其中第一个问题用我们刚刚学到的微分中值定理就可以回答了.

定理　设方程 $f(x)=0$ 在区间(a,b) 内有根.将它改写为一个等价的形式 $x=g(x)$,并且假设 $\forall x\in(a,b)$,有

$$|g'(x)|\leqslant\alpha<1$$

现任取 $x_0\in(a,b)$,则由迭代公式 $x_{n+1}\overset{\Delta}{=}g(x_n)$,$n=1,2,3,\cdots$ 所产生的数列$\{x_n\}$一定是收敛的.并且其极限 x^* 就是所求方程在区间(a,b) 内唯一的根.

证明　该定理常称为不动点定理,或者压缩映射定理.其证明过程主要利用我们在第三章中学习的可微函数的有关分析性质与"微分中值定理".

① 先证在区间(a,b) 内,方程 $x=g(x)$(即方程 $f(x)=0$) 只有唯一的一个根.事实

上,因为

$$(x-g(x))'=1-g'(x)\geqslant 1-\alpha>0$$

函数 $x-g(x)$ 在区间 (a,b) 内是单调递增函数,所以当方程 $x-g(x)=0$ 有根时,其根必是唯一的;

② 再证由迭代公式 $x_{n+1}\stackrel{\Delta}{=}g(x_n)$, $n=1,2,3,\cdots$ 所产生的数列 $\{x_n\}$ 一定是收敛的. 因为方程 $x-g(x)=0$(即方程 $f(x)=0$)在 (a,b) 内有唯一的根,设这个根为 $\overline{x}\in(a,b)$(且满足 $\overline{x}=g(\overline{x})$),则当 $x_0\in(a,b)$ 时,由微分中值定理,有

$$|x_{n+1}-x^*|=|g(x_n)-g(x^*)|=|g'(\xi_n)|\cdot|x_n-x^*|\leqslant\alpha\cdot|x_n-x^*|$$

其中 ξ_n 介于 x_n,x^* 之间. 反复利用该不等式,即有

$$|x_{n+1}-x^*|\leqslant\alpha\cdot|x_n-x^*|\leqslant\alpha^2\cdot|x_{n-1}-x^*|\leqslant\cdots\leqslant\alpha^{n+1}\cdot|x_0-x^*|,且\ \alpha<1$$

于是不仅知道 $\forall n$,有 $x_n\in(a,b)$,并且当 $n\to\infty$ 时, $|x_{n+1}-x^*|\to 0$,即数列 $\{x_n\}$ 一定是收敛的;

③ 从上面的证明还可以看到当 $n\to\infty$ 时, $x_{n+1}\to x^*$. 即数列 $\{x_n\}$ 的极限 x^* 就是方程在区间内 (a,b) 内的唯一根.

该收敛定理回答了迭代公式迭代得到的数列 $\{x_n\}$ 在什么情况下收敛的问题.

下面再介绍一元方程的另一种求根方法. 即

方程求根:计算方法之三 —— 切线法.

设方程 $f(x)=0$ 在区间 (a,b) 内有根 x^*,并取 $x_0\in(a,b)$. 现作曲线 $y=f(x)$ 在 x_0 处的切线

$$Y-f(x_0)=f'(x_0)(X-x_0)$$

求出该切线与 x 轴的交点,记为 x_1,不难得到

$$x_1=x_0-\frac{f(x_0)}{f'(x_0)}$$

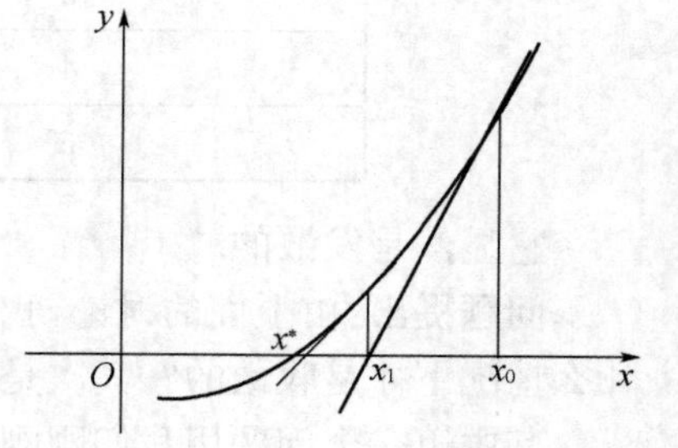

接着在 x_1 点处同样再作曲线 $y=f(x)$ 的切线,并记该切线与 x 轴的交点为 x_2,则不难看到

$$x_2=x_1-\frac{f(x_1)}{f'(x_1)}$$

一般地,当已得到点 x_n 以后,再作曲线 $y=f(x)$ 的切线,并求出其与 x 轴的交点为 x_{n+1},即

$$x_{n+1}=x_n-\frac{f(x_n)}{f'(x_n)}$$

如此继续下去,这样就可以产生一个点列 $\{x_n\}$. 在函数 $y=f(x)$ 二阶导数连续等适当的条件下,可以证明这样得到的数列 $\{x_n\}$ 是收敛的,并且以方程在区间 (a,b) 内的根

x^* 为其极限.

这种求根迭代方法称之为 Newton 切线法. 例如,对方程 $x^2-2=0$,切线法求根迭代公式即为

$$x_{n+1}=x_n-\frac{x_n^2-2}{2x_n}=\frac{1}{2}\left(x_n+\frac{2}{x_n}\right),n=0,1,2,\cdots$$

若取 $x_0=1$,用编程方法,不难产生迭代得到的计算结果为

迭代步数 n	x_n
0	1.
1	1.50000
2	1.41667
3	1.41422
4	1.41421
5	1.41421

可以看到,产生的数列以方程 $x^2-2=0$ 的正根 $x^*=\sqrt{2}$ 为其极限.

当然,你可能会问,求某方程根时,按照 Newton 切线法公式计算,与采用(第一章中介绍的)二分法或任意其它一般迭代法,哪种计算得到的数列收敛更快呢?

结论其实已经呈现在大家的面前了,比较前面讲到的几个迭代计算过程易见,收敛最快的那就是 Newton 切线法,它是二阶收敛的.

关于数列收敛速度的问题,收敛速度的概念本质上来自于无穷小阶的比较,有兴趣的同学可以自己去进一步思考和研究.

案例联想:由上面的例子,大家或许还联想到以下两个问题:

一是,在很多高等数学的练习或习题册中,常常有这样一道题:

证明由 $x_0=1,x_{n+1}=\frac{1}{2}\left(x_n+\frac{2}{x_n}\right),n=0,1,2,\cdots$ 产生的递推数列是收敛的,并要求其极限.

那么,这个递推数列其来源于何处呢?现在我们知道了,它产生于求方程 $x^2-2=0$ 正根的 Newton 切线法的迭代计算过程.

其次是,我们在 C^{++} 等程序设计语言中,常使用一个函数命令 sqrt(2),这个命令能给出$\sqrt{2}$的(近似)值,那该命令是怎样计算出$\sqrt{2}$的值的呢? 我们同样也明白了,它就是通过上面介绍的,高等数学课程中涉及到的某种递推迭代计算方法来实现的.

可以说迭代计算就是计算机中日常所采用的、也是最基本的科学计算方法.

第四节 练习题

3-1 微分中值定理

1. 不用求出函数 $f(x)=x(x-1)(x-2)(x-3)$ 的导数,说明方程 $f'(x)=0$ 至少有几个实根,并指出它们所在的区间.

2. 证明:$\arcsin x+\arccos x=\frac{\pi}{2}$,$(x\in[-1,1])$.

3. 若 $f'(x)$ 在$[a,b]$上连续,则存在两个常数 m,M,对于满足 $a\leqslant x_1\leqslant x_2\leqslant b$ 的任意两点,试证明:$m(x_2-x_1)\leqslant f(x_2)-f(x_1)\leqslant M(x_2-x_1)$.

4. 设 $a>b>0$,证明:$\frac{a-b}{a}<\ln\frac{a}{b}<\frac{a-b}{b}$.

5. 证明方程 $x^5+x-1=0$ 只有一个正根.

6. 列举一个函数满足:$f(x)$ 在$[a,b]$上连续,在(a,b)内处某一点外处处可导,但在(a,b)内不存在点ξ,使 $f(b)-f(a)=f'(\xi)(b-a)$.

3 - 2 洛必达法则

求下列各小题中的极限：

(1) $\lim\limits_{x\to 0}\dfrac{e^{x}-e^{-x}}{\sin x}$；

(2) $\lim\limits_{x\to 0}\dfrac{\ln(1+x)}{x}$；

(3) $\lim\limits_{x\to a}\dfrac{x^{m}-a^{m}}{x^{n}-a^{n}}\quad(a\neq 0)$；

(4) $\lim\limits_{x\to a}\dfrac{\sin x-\sin a}{x-a}$；

(5) $\lim\limits_{x\to 0}x^{2}e^{\frac{1}{x^{2}}}$；

(6) $\lim\limits_{x\to 1}\left(\dfrac{2}{x^{2}-1}-\dfrac{1}{x-1}\right)$；

(7) $\lim\limits_{x\to 1}\dfrac{x+x^2+\cdots+x^n-n}{x-1}$；

(8) $\lim\limits_{x\to 0}\dfrac{\tan x-x}{x-\sin x}$；

(9) $\lim\limits_{x\to 0}\left(\dfrac{1}{x^2}-\dfrac{1}{\sin^2 x}\right)$；

(10) $\lim\limits_{x\to 0}\dfrac{\ln(1+x^2)}{\sec x-\cos x}$；

(11) $\lim\limits_{x\to 0^+}x^{\sin x}$；

(12) $\lim\limits_{x\to\infty}\left(1+\dfrac{a}{x}\right)^x$.

3-3 泰勒公式

1. 按 $(x-4)$ 的乘幂展开多项式 $f(x)=x^4-5x^3+x^2-3x+4$.

2. 当 $x_0=-1$ 时,求函数 $f(x)=\dfrac{1}{x}$ 的 n 阶泰勒公式.

3. 求函数 $f(x)=x\mathrm{e}^x$ 的 n 马克劳林公式.

4. 求极限 $\lim\limits_{x\to 0}\dfrac{\cos x-\mathrm{e}^{-\frac{x^2}{2}}}{x^4}$.

3 - 4 函数的单调性与曲线的凹凸性

1. 确定下列函数的单调区间：

(1) $y = 2x + \frac{8}{x} \quad (x > 0)$；　　(2) $y = (x-1)(x+1)^3$.

2. 证明下列不等式：

(1) 当 $x > 0$ 时，$1 + \frac{1}{2}x > \sqrt{1+x}$；　　(2) 当 $0 < x < \frac{\pi}{2}$ 时，$\sin x + \tan x > 2x$.

3. 试证明方程 $\sin x = x$ 有且仅有一个实根.

4. 利用函数图形的凹凸性证明不等式：$\frac{x^n+y^n}{2}>\left(\frac{x+y}{2}\right)^n$ $(x>0,y>0,x\neq y,n>1)$.

5. 求下列函数的凹凸区间及其拐点：

(1) $y=x\mathrm{e}^{-x}$；　　(2) $y=\ln(x^2+1)$.

6. 设函数 $y=f(x)$ 在 $x=x_0$ 的某邻域内具有三阶连续导数，如果 $f''(x_0)=0$，而 $f'''(x_0)\neq 0$，试问 $(x_0,f(x_0))$ 是否是拐点？为什么？

3 - 5 函数的极值与最值

1. 求下列函数的极值点与极值：

(1) $y = 2x^3 - 6x^2 - 18x + 7$；

(2) $y = x - \ln(1 + x)$；

(3) $y = 2 - (x - 1)^{\frac{2}{3}}$；

(4) $y = x^{\frac{1}{x}}$.

2. 求函数 $f(x) = x^4 - 8x^2 + 2$ 在$[-1,3]$上的最大值与最小值.

3. 要造一圆柱形油罐，体积为 V，问底半径 r 和高 h 等于多少时，才能使表面积最小？这时底直径与高之比是多少？

4. 在抛物线 $y^2 = 2px$ 哪一点的法线被抛物线所截之线段为最短.

5. 一房地产公司有 50 套公寓要出租，当月租金为 1000 元时，公寓可以全部租出去. 当月租每增加 50 元时，就会多一套公寓租不出去，而租出去的公寓每月需花费 100 元的维修费用. 试问房租定位多少可获得最大收入？

3-6 函数图形的描绘与曲率

1. 描绘函数 $y = x^4 - 6x^2 + 8x + 7$ 的图形.

2. 描绘函数 $y = x^2 + \frac{1}{x}$ 的图形.

3. 描绘函数 $y = x\mathrm{e}^{-x}$ 的图形.

4. 求椭圆 $4x^2 + y^2 = 4$ 在点(0,2) 的曲率.

5. 求抛物线 $y = x^2 - 4x + 3$ 在顶点处曲率和曲率半径.

第五节 自测题

一、填空题(每题 3 分,共 15 分)

1. 曲线 $y=\dfrac{x^2}{4-x^2}$ 的铅直渐近线为________.

2. $\lim\limits_{x\to 1}\dfrac{x^2-1}{\ln x}=$________.

3. 若 $y=ax^2+x(a\neq 0)$,则 a ________0 时曲线为凹的.

4. $\lim\limits_{x\to+\infty}\left(1-\dfrac{1}{x}\right)^{\sqrt{x}}=$________.

5. 函数 $f(x)=\mathrm{e}^x-\sin x-2+x^2$ 在区间$(-\infty,+\infty)$上的最小值为________.

二、选择题(每题 3 分,共 15 分)

1. 若在(a,b)内 $f'(x)<0$,$f''(x)>0$,则 $y=f(x)$ 在该区间上 ( )

A. 凸增 B. 凹增 C. 凸减 D. 凹减

2. $f(x)=\ln x$ 在闭区间$[1,\mathrm{e}]$上满足拉格朗日定理的 ξ 等于 ( )

A. $1-\dfrac{1}{\mathrm{e}}$ B. $1+\dfrac{1}{\mathrm{e}}$ C. $\dfrac{1}{\sqrt{3}}$ D. $\mathrm{e}-1$

3. 条件 $f''(x_0)=0$ 是 $f(x)$ 的图形在点 $x=x_0$ 处有拐点$(x_0,f(x_0))$的________条件. ( )

A. 必要不充分 B. 充分不必要

C. 充分且必要 D. 既不充分也不必要

4. 若在区间(a,b)内,函数 $f(x)$ 的一阶导数 $f'(x)>0$,二阶导数 $f''(x)<0$,则函数 $f(x)$ 在此区间上是 ( )

A. 单调减少,曲线上凹 B. 单调减少,曲线下凹

C. 单调增加,曲线上凹 D. 单调增加,曲线下凹

5. $\lim\limits_{x\to+\infty}\dfrac{x-\sin x}{x+\sin x}=$ ( )

A. -1 B. 1 C. 不存在 D. 0

三、计算下列极限(每题 7 分,共 28 分)

1. $\lim\limits_{x\to 0}(1+x^2)^{\cot 2x}$.

2. $\lim\limits_{x\to 0}\dfrac{\mathrm{e}^x\cos x-1-x}{x^2}$.

3. $\lim\limits_{x\to 0}\frac{1}{x}\left(\frac{1}{x}-\cot x\right)$.　　　　4. $\lim\limits_{n\to\infty}\left(1+\frac{1}{n}+\frac{1}{n^2}\right)^n$.

四、综合题(每题 8 分,共 24 分)

1. 讨论 $y=x^4-2x^3+1$ 的凹凸性并求拐点.

2. 讨论 $f(x)=\dfrac{x^2}{1+x}$ 的增减区间和极值.

3. 在抛物线 $y=x^2$ 上找出到直线 $3x-4y=2$ 距离最短的点.

五、证明题(每题 9 分,共 18 分)

1. 设 $0 < a < b$,求证:$\ln\dfrac{b}{a} > \dfrac{2(b-a)}{a+b}$.

2. 设函数 $f(x)$ 在$[0, 1]$上连续,在$(0, 1)$内可导,且 $f(0)=f(1)=0$,证明:至少存在一点,使得 $f'(\xi)+2f(\xi)=0$.

第六节　练习题与自测题答案

练习题答案

3－1

1. 3 个根,(0,1),(1,2),(2,3).

2～6. 略.

3－2

(1) 2;(2) 1;(3) $\frac{m}{n}a^{m-n}$;(4) $\cos a$;(5) ∞;(6) $-\frac{1}{2}$;(7) $\frac{n(n+1)}{2}$;(8) 2;(9) $-\frac{1}{3}$;(10) 1;(11) 1;(12) e^a.

3－3

1. $f(x)=-56+21(x-4)+37(x-4)^2+11(x-4)^3+(x-4)^4$.

2. $\frac{1}{x}=-[1+(x+1)+(x+1)^2+\cdots+(x+1)^n]+(-1)^{n+1}\frac{(x+1)^{n+1}}{[-1+\theta(x+1)]^{n+2}}$,$(0<\theta<1)$.

3. $xe^x=x+x^2+\frac{x^3}{2!}+\cdots+\frac{x^n}{(n-1)!}+\frac{1}{(n+1)!}(n+1+\theta x)e^{\theta x}x^{n+1}(0<\theta<1)$.

4. $-\frac{1}{12}$

3－4

1. (1) 在$(0,2]$内单调减,在$[2,+\infty)$内单调增;(2) 在$(-\infty,\frac{1}{2}]$内单调减,在$[\frac{1}{2},\infty)$内单调增.

2～4. 证明略.

5. (1) 拐点$(2,2e^{-2})$,在$(-\infty,2]$内是凸的,在$[2,+\infty)$内是凹的;　(2) 拐点$(-1,\ln 2)$,$(1,\ln 2)$,在$(-\infty,-1]$,$[1,+\infty)$内是凸的,在$[-1,1]$内是凹的.

6. 略.

3－5

1. (1) 极大值 $y(-1)=17$,极小值 $y(3)=-47$;(2) 极小值 $y(0)=0$;
(3) 极大值 $y(1)=2$;(4) 极小值 $y(e)=e^{\frac{1}{e}}$.

2. 最大值 $y(3)=11$,最小值 $y(2)=-14$.

3. $r=\sqrt[3]{\frac{V}{2\pi}}$,$h=2\cdot\sqrt[3]{\frac{V}{2\pi}}$,$d:h=1:1$.

4. $(p,\pm\sqrt{2}p)$.

5. 1 800 元.

3－6

1～3. 略.

4. $k=2$.　5. $k=2,\rho=\frac{1}{2}$.

自测题答案

一、1. $x=\pm 2$　2. 2　3. $>$　4. 1　5. -1

二、1. D　2. D　3. D　4. D　5. B

三、1. 1

2. 0

3. $\frac{1}{3}$

4. e

四、1. 在$(-\infty,0)$,$y''>0$,曲线上凹;在$(0,1)$,$y''<0$,曲线下凹.在$(1,+\infty)$,$y''>0$,曲线上凹;$(0,1)$与$(1,0)$是曲线的两个拐点.

2. 在$x=-2$处,函数有极大值$f(-2)=-4$;在$x=0$处,函数有极小值$f(0)=0$.

3. 当$x=\frac{3}{8}$时,d最小,即:点$\left(\frac{3}{8},\frac{9}{64}\right)$到直线$3x-4y-2=0$的距离最短.

五、1～2. 证明略.

第四章　不定积分

第一节　内容提要

一、不定积分的概念

1. 基本概念:若在区间 I 上 $F'(x)=f(x)$,则称 $F(x)$ 是 $f(x)$ 在区间 I 上的一个原函数. 函数 $f(x)$ 在区间 I 上的原函数全体称为 $f(x)$ 在区间 I 上的不定积分,即

$$\int f(x)\mathrm{d}x=F(x)+C.$$

2. 不定积分的性质

(1) $\int[f(x)\pm g(x)]\mathrm{d}x=\int f(x)\mathrm{d}x\pm\int g(x)\mathrm{d}x$;

(2) $\int k\cdot f(x)\mathrm{d}x=k\cdot\int f(x)\mathrm{d}x$;

(3) $\int f'(x)\mathrm{d}x=f(x)+C$,或 $\int \mathrm{d}f(x)=f(x)+C$;

(4) $\left[\int f(x)\mathrm{d}x\right]'=f(x)$,或 $\mathrm{d}\left[\int f(x)\mathrm{d}x\right]=f(x)\mathrm{d}x$.

3. 基本积分表

(1) $\int k\mathrm{d}x=kx+C$;

(2) $\int x^{\mu}\mathrm{d}x=\frac{1}{\mu+1}x^{\mu+1}+C,(\mu\neq-1)$;

(3) $\int\frac{\mathrm{d}x}{x}=\ln|x|+C$;

(4) $\int\frac{\mathrm{d}x}{1+x^2}=\arctan x+C$;

(5) $\int\frac{\mathrm{d}x}{\sqrt{1-x^2}}=\arcsin x+C$;

(6) $\int\cos x\mathrm{d}x=\sin x+C$;

(7) $\int\sin x\mathrm{d}x=-\cos x+C$;

(8) $\int\sec^2 x\mathrm{d}x=\tan x+C$;

(9) $\int\csc^2 x\mathrm{d}x=-\cot x+C$;

(10) $\int\sec x\tan x\mathrm{d}x=\sec x+C$;

(11) $\int\csc x\cot x\mathrm{d}x=-\csc x+C$;

(12) $\int\mathrm{e}^x\mathrm{d}x=\mathrm{e}^x+C$;

(13) $\int a^x\mathrm{d}x=\frac{a^x}{\ln a}+C$.

二、换元积分法

在计算函数的导数时,复合函数求导法则是最常用的. 把它反过来用于求不定积分,

就是通过引进中间变量作变量替换,把一个被积表达式变成另一个被积表达式,从而把原来不便于计算的不定积分转化为较易计算的不定积分,这就是换元积分法.换元积分法又分第一换元法与第二换元法.

1. 第一类换元法(凑微分法):若 $F'(x)=f(x)$,则

$$\int f[\varphi(t)]\varphi'(t)\mathrm{d}t=\int f[\varphi(t)]\mathrm{d}\varphi(t)=F[\varphi(t)]+C.$$

常用的几种凑微分形式:

(1) $\int f(ax+b)\mathrm{d}x=\frac{1}{a}\int f(ax+b)\mathrm{d}(ax+b)$;

(2) $\int f(x^n)x^{n-1}\mathrm{d}x=\frac{1}{n}\int f(x^n)\mathrm{d}x^n$;

(3) $\int f(\sqrt{x})\frac{1}{\sqrt{x}}\mathrm{d}x=2\int f(\sqrt{x})\mathrm{d}\sqrt{x}$;

(4) $\int f(\ln x)\frac{1}{x}\mathrm{d}x=\int f(\ln x)\mathrm{d}\ln x$;

(5) $\int f(\sin x)\cos x\mathrm{d}x=\int f(\sin x)\mathrm{d}\sin x$;

(6) $\int f(\tan x)\sec^2 x\mathrm{d}x=\int f(\tan x)\mathrm{d}\tan x$;

(7) $\int f(\mathrm{e}^x)\mathrm{e}^x\mathrm{d}x=\int f(\mathrm{e}^x)\mathrm{d}\mathrm{e}^x$.

2. 第二类换元法:令 $x=\varphi(t)$,则

$$\int f(x)\mathrm{d}x=\int f[\varphi(t)]\mathrm{d}\varphi(t)=\int f[\varphi(t)]\varphi'(t)\mathrm{d}t$$

注意上式的变量 t 要换回原来的变量 x,即 $t=\varphi^{-1}(x)$.第二类换元法主要是为了化去被积函数中的根式,使计算变得容易些.常用的一些换元方法:

(1) 被积函数中含有 $\sqrt{a^2-x^2}$ 时,令 $x=a\sin t$;

(2) 被积函数中含有 $\sqrt{x^2+a^2}$ 时,令 $x=a\tan t$;

(3) 被积函数中含有 $\sqrt{x^2-a^2}$ 时,令 $x=a\sec t$;

(4) 被积函数中含有 $\sqrt[n]{ax+b}$ 时,令 $t=\sqrt[n]{ax+b}$.

三、分部积分法

分部积分公式

$$\int uv'\mathrm{d}x=uv-\int u'v\mathrm{d}x$$

分部积分公式的优点:若求解 $\int uv'\mathrm{d}x$ 有困难,而求解 $\int u'v\mathrm{d}x$ 较容易,可由分部积分转化为易于求解的不定积分,从而得出最终不定积分的结果.

使用此方法的原则：

(1) 利用分部积分的“消除性”选择 u 和 $\mathrm{d}v$，消除幂函数部分；

(2) 利用分部积分的“去反性”选择 u 和 $\mathrm{d}v$，去掉比较复杂的反函数(如对数函数、反三角函数等).

四、有理函数的积分

1. 有理函数：有理函数 $R(x)=\dfrac{P(x)}{Q(x)}$，其中 $P(x)$，$Q(x)$ 是 x 的实系数多项式. 可以通过待定系数法将其分解为部分分式之和，然后对各个部分分式求不定积分.

2. 三角有理函数：针对三角有理函数 $R(\sin x,\cos x)$，利用三角函数万能置换公式，由变量代换，三角有理函数的不定积分可转化为有理函数的不定积分.

3. 简单无理函数：如果被积函数中含有简单根式 $\sqrt[n]{ax+b}$，可以令 $t=\sqrt[n]{ax+b}$. 由于这样的变换具有反函数，且反函数是 t 的有理函数，因此原积分即可化为有理函数的积分.

第二节　典型例题分析与求解

利用基本积分公式及不定积分的性质，结合代数或三角恒等变形而求出不定积分，这种方法称为直接积分法.

一、直接法

例 1　计算下列不定积分：(1) $\displaystyle\int\frac{2x^2}{1+x^2}\mathrm{d}x$；　　(2) $\displaystyle\int\frac{\mathrm{d}x}{\sin^2x\cos^2x}$.

分析　使用这种方法之前，往往需要利用代数恒等式或三角恒等式将被积函数变形、化简或拆项，使之化为基本积分表中函数的线性组合.

解　(1) $\displaystyle\int\frac{2x^2}{1+x^2}\mathrm{d}x=\int\frac{2(1+x^2)-2}{1+x^2}\mathrm{d}x=2\int\mathrm{d}x-2\int\frac{1}{1+x^2}\mathrm{d}x=2x-2\arctan x+C.$

(2)
$$\begin{aligned}\int\frac{\mathrm{d}x}{\sin^2x\cos^2x}&=\int\frac{\sin^2x+\cos^2x}{\sin^2x\cos^2x}\mathrm{d}x=\int\sec^2x\mathrm{d}x+\int\csc^2x\mathrm{d}x\\&=\tan x-\cot x+C.\end{aligned}$$

二、第一类换元法(凑微分法)

例 2　计算：(1) $\displaystyle\int\frac{x\mathrm{d}x}{\sqrt[3]{1-x^2}}$；　(2) $\displaystyle\int\frac{\mathrm{e}^x}{\mathrm{e}^{2x}+2\mathrm{e}^x+2}\mathrm{d}x$；　(3) $\displaystyle\int\frac{\sqrt{1+\ln x}}{x}\mathrm{d}x$；

(4) $\displaystyle\int\frac{\tan x}{\sqrt{\cos x}}\mathrm{d}x$；　(5) $\displaystyle\int\frac{(1+\tan x)^3}{\cos^2x}\mathrm{d}x$；　(6) $\displaystyle\int\frac{\sin x\cos x}{1+\sin^2x}\mathrm{d}x$.

分析　可用凑微分法解的题较多，方法也很灵活，但也有规律可循. 第一类换元法的要领是要根据被积表达式的具体特点，熟练地凑出各式各样的微分式 $\mathrm{d}u=\mathrm{d}\varphi(x)$.

解 (1) $\int \frac{x\mathrm{d}x}{\sqrt[3]{1-x^2}} = -\frac{1}{2}\int \frac{\mathrm{d}(1-x^2)}{\sqrt[3]{1-x^2}} = -\frac{1}{2}\int (1-x^2)^{-\frac{1}{3}}\mathrm{d}(1-x^2)$

$$= -\frac{3}{4}(1-x^2)^{\frac{2}{3}} + C.$$

(2) $\int \frac{\mathrm{e}^x}{\mathrm{e}^{2x}+2\mathrm{e}^x+2}\mathrm{d}x = \int \frac{\mathrm{e}^x\mathrm{d}x}{1+(1+\mathrm{e}^x)^2} = \int \frac{\mathrm{d}(\mathrm{e}^x+1)}{1+(1+\mathrm{e}^x)^2} = \arctan(\mathrm{e}^x+1)+C.$

(3) $\int \frac{\sqrt{1+\ln x}}{x}\mathrm{d}x = \int \sqrt{1+\ln x}\,\mathrm{d}(\ln x+1) = \frac{2}{3}(1+\ln x)^{\frac{3}{2}} + C.$

(4) $\int \frac{\tan x}{\sqrt{\cos x}}\mathrm{d}x = \int \frac{\sin x}{\cos x\sqrt{\cos x}}\mathrm{d}x = -\int (\cos x)^{-\frac{3}{2}}\mathrm{d}\cos x = 2(\cos x)^{-\frac{1}{2}} + C.$

(5) $\int \frac{(1+\tan x)^3}{\cos^2 x}\mathrm{d}x = \int (1+\tan x)^3\mathrm{d}(1+\tan x) = \frac{1}{4}(1+\tan x)^4 + C.$

(6) $\int \frac{\sin x\cos x}{1+\sin^2 x}\mathrm{d}x = \frac{1}{2}\int \frac{\mathrm{d}\sin^2 x}{1+\sin^2 x} = \frac{1}{2}\int \frac{\mathrm{d}(1+\sin^2 x)}{1+\sin^2 x} = \frac{1}{2}\ln(1+\sin^2 x)+C.$

三、第二类换元法

第二类换元法是根据被积表达式的特点"设出"中间变量——换元函数.它常用于求解被积函数含有根式的积分,通过选择适当的变量代换,将其转化为不含根式的积分.解题的主要思路是有理化

例 3 计算:(1) $\int \frac{\mathrm{d}x}{x^2\sqrt{a^2-x^2}}(x<a)$; (2) $\int \frac{\mathrm{d}x}{x^2\sqrt{1+x^2}}$.

分析 被积函数中含有二次根式:$\sqrt{a^2-x^2}$,$\sqrt{x^2\pm a^2}$ 通常利用三角代换把二次根式去掉.

解 (1) 设 $x=a\sin t$,则 $\mathrm{d}x=a\cos t\mathrm{d}t$,所以

$$\int \frac{\mathrm{d}x}{x^2\sqrt{a^2-x^2}} = \int \frac{a\cos t\mathrm{d}t}{a^2\sin^2 t\sqrt{a^2-a^2\sin^2 t}} = \frac{1}{a^2}\int \frac{\mathrm{d}t}{\sin^2 t} = -\frac{1}{a^2}\cot t + C$$

由于 $\sin t=\frac{x}{a}$,则 $\cot t=\frac{\sqrt{a^2-x^2}}{x}$,所以

$$\int \frac{\mathrm{d}x}{x^2\sqrt{a^2-x^2}} = -\frac{\sqrt{a^2-x^2}}{a^2 x} + C.$$

(2) 做变量代换 $x=\tan t$,则 $\mathrm{d}x=\sec^2 t\mathrm{d}t$,故

$$\int \frac{\mathrm{d}x}{x^2\sqrt{1+x^2}} = \int \frac{\sec^2 t}{\tan^2 t\cdot\sec t}\mathrm{d}t = \int \frac{\cos t}{\sin^2 t}\mathrm{d}t$$

$$= \int \frac{1}{\sin^2 t}\mathrm{d}\sin t = -\frac{1}{\sin t} + C = -\frac{\sqrt{1+x^2}}{x} + C.$$

例 4 计算:(1) $\int x\sqrt[3]{1-2x}\mathrm{d}x$; (2) $\int \frac{\arctan\sqrt{x}}{\sqrt{x}(1+x)}\mathrm{d}x$; (3) $\int \frac{\mathrm{d}x}{\sqrt{1+x}+\sqrt[3]{1+x}}$.

分析　被积函数中含有一次无理根式 $\sqrt[n]{ax+b}$，通常直接令代换 $t=\sqrt[n]{ax+b}$ 把一次根式去掉.

解　(1) **解法一**：设变量代换 $\sqrt[3]{1-2x}=t$，则 $x=\frac{1}{2}(1-t^3)$，$\mathrm{d}x=-\frac{3}{2}t^2\mathrm{d}t$，故

$$\begin{aligned}\int x\sqrt[3]{1-2x}\mathrm{d}x&=\int\frac{1}{2}(1-t^3)t(-\frac{3}{2}t^2)\mathrm{d}t=\frac{3}{4}\int(t^6-t^3)\mathrm{d}t\\&=\frac{3}{4}\left(\frac{1}{7}t^7-\frac{1}{4}t^4\right)+C=\frac{3}{28}(1-2x)^{\frac{7}{3}}-\frac{3}{16}(1-2x)^{\frac{4}{3}}+C.\end{aligned}$$

解法二：本题也可用第一换元法.

$$\begin{aligned}\int x\sqrt[3]{1-2x}\mathrm{d}x&=-\frac{1}{2}\int(1-2x-1)\sqrt[3]{1-2x}\mathrm{d}x\\&=-\frac{1}{2}\int(1-2x)\sqrt[3]{1-2x}\mathrm{d}x+\frac{1}{2}\int\sqrt[3]{1-2x}\mathrm{d}x\\&=\frac{1}{4}\int(1-2x)^{\frac{4}{3}}\mathrm{d}(1-2x)-\frac{1}{4}\int(1-2x)^{\frac{1}{3}}\mathrm{d}(1-2x)\\&=\frac{3}{28}(1-2x)^{\frac{7}{3}}-\frac{3}{16}(1-2x)^{\frac{4}{3}}+C.\end{aligned}$$

(2) **解法一**：设变量代换 $\sqrt{x}=t$，则 $x=t^2$，$\mathrm{d}x=2t\mathrm{d}t$，故

$$\begin{aligned}\int\frac{\arctan\sqrt{x}}{\sqrt{x}(1+x)}\mathrm{d}x&=\int\frac{\arctan t}{t(1+t^2)}\cdot 2t\mathrm{d}t=2\int\frac{\arctan t}{1+t^2}\mathrm{d}t.\\&=2\int\arctan t\,\mathrm{d}\arctan t=(\arctan t)^2+C=(\arctan\sqrt{x})^2+C.\end{aligned}$$

解法二：本题也可用第一换元法.

$$\begin{aligned}\int\frac{\arctan\sqrt{x}}{\sqrt{x}(1+x)}\mathrm{d}x&=2\int\frac{\arctan\sqrt{x}}{1+x}\mathrm{d}\sqrt{x}\\&=2\int\arctan\sqrt{x}\,\mathrm{d}\arctan\sqrt{x}=(\arctan\sqrt{x})^2+C.\end{aligned}$$

(3) 设 $t=\sqrt[6]{1+x}$，则 $x=t^6-1$，$\mathrm{d}x=6t^5\mathrm{d}t$，故

$$\begin{aligned}\int\frac{\mathrm{d}x}{\sqrt{1+x}+\sqrt[3]{1+x}}&=\int\frac{6t^5\mathrm{d}t}{t^3+t^2}=6\cdot\int\frac{t^3}{t+1}\mathrm{d}t=6\cdot\int\left(t^2-t+1-\frac{1}{t+1}\right)\mathrm{d}t\\&=2t^3-3t^2+6t-6\ln|1+t|+C.\\&=2\sqrt{1+x}-3\sqrt[3]{1+x}+6\sqrt[6]{1+x}-6\ln(1+\sqrt[6]{1+x})+C.\end{aligned}$$

四、分部积分法

例 5　计算：(1) $\int x\sin x\cos x\mathrm{d}x$；　(2) $\int\frac{\ln x\mathrm{d}x}{(1-x)^2}$；　(3) $\int\frac{x\arctan x}{\sqrt{1+x^2}}\mathrm{d}x$.

分析　分部积分法常用于求解被积函数是二种不同类型函数乘积形式的积分，它的作用是化难为易. 应用分部积分时，如何选择 u 和 $\mathrm{d}v$？原则如下：

(1) 如果被积函数是幂函数与正(余)弦函数或幂函数与指数函数的乘积,则可以选择幂函数为u,分部积分后使得幂函数的次数降低;

(2) 如果被积函数是幂函数与对数函数或幂函数与反三角函数的乘积,则可以选择对数函数或反三角函数为u,分部积分后使得被积函数简化.

解　(1) $\int x\sin x\cos x\mathrm{d}x=\frac{1}{2}\int x\sin 2x\mathrm{d}x=-\frac{1}{4}\int x\mathrm{d}\cos 2x=-\frac{1}{4}x\cos 2x+\frac{1}{4}\int\cos 2x\mathrm{d}x$

$$=-\frac{1}{4}x\cos 2x+\frac{1}{8}\sin 2x+C.$$

(2) $$\int\frac{\ln x\mathrm{d}x}{(1-x)^2}=\int\ln x\mathrm{d}\left(\frac{1}{1-x}\right)=\frac{1}{1-x}\ln x-\int\frac{1}{1-x}\cdot\frac{1}{x}\mathrm{d}x$$

$$=\frac{1}{1-x}\ln x+\int\left(\frac{1}{x-1}-\frac{1}{x}\right)\mathrm{d}x$$

$$=\frac{1}{1-x}\ln x+\ln|x-1|-\ln|x|+C.$$

(3) $$\int\frac{x\arctan x}{\sqrt{1+x^2}}\mathrm{d}x=\frac{1}{2}\int\frac{\arctan x}{\sqrt{1+x^2}}\mathrm{d}x^2=\int\arctan x\mathrm{d}\sqrt{1+x^2}$$

$$=\sqrt{1+x^2}\arctan x-\int\frac{1}{\sqrt{1+x^2}}\mathrm{d}x$$

$$=\sqrt{1+x^2}\arctan x-\ln|x+\sqrt{1+x^2}|+C.$$

五、有理函数的积分

例 6　计算:(1) $\int\frac{1}{x(1+x^2)}\mathrm{d}x$;　(2) $\int\frac{x^2}{(x-1)^{2010}}\mathrm{d}x$;　(3) $\int\frac{x^2+1}{(x+1)^2(x-1)}$.

分析　有理函数的积分,通过部分分式展开将复杂的分式化为简单的有理函数,进而利用其它积分方法求解.

(1) $$\int\frac{1}{x(1+x^2)}\mathrm{d}x=\int\frac{x\mathrm{d}x}{x^2(1+x^2)}=\frac{1}{2}\int\left(\frac{1}{x^2}-\frac{1}{1+x^2}\right)\mathrm{d}x^2=\frac{1}{2}\ln x^2-\frac{1}{2}\ln(1+x^2)+C.$$

(2) **解法一**:

$$\int\frac{x^2}{(x-1)^{2010}}\mathrm{d}x=\int\frac{(x-1+1)^2}{(x-1)^{2010}}\mathrm{d}x=\int\frac{(x-1)^2+2(x-1)+1}{(x-1)^{2010}}\mathrm{d}x$$

$$=\int\left(\frac{1}{(x-1)^{2008}}+\frac{2}{(x-1)^{2009}}+\frac{1}{(x-1)^{2010}}\right)\mathrm{d}x$$

$$=-\frac{1}{2\,007(x-1)^{2007}}-\frac{1}{1\,004(x-1)^{2008}}-\frac{1}{2\,009(x-1)^{2009}}+C.$$

解法二:设$x-1=t$

$$\int\frac{x^2}{(x-1)^{2010}}\mathrm{d}x=\int\frac{(t+1)^2}{t^{2010}}\mathrm{d}t=\int\frac{t^2+2t+1}{t^{2010}}\mathrm{d}t=\int[t^{-2008}+2t^{-2009}+t^{-2010}]\mathrm{d}t$$

$$=-\frac{1}{2\,007t^{2\,007}}-\frac{1}{1\,004t^{2\,008}}-\frac{1}{2\,009t^{2\,009}}+C$$

$$=-\frac{1}{2\,007(x-1)^{2\,007}}-\frac{1}{1\,004(x-1)^{2\,008}}-\frac{1}{2\,009(x-1)^{2\,009}}+C.$$

(3) 设$\frac{x^2+1}{(x+1)^2(x-1)}=\frac{A}{x-1}+\frac{B}{x+1}+\frac{C}{(x+1)^2}$，等式两边同乘$(x+1)^2(x-1)$，通过比较系数，得$A=\frac{1}{2}$，$B=\frac{1}{2}$，$C=-1$，因此

$$\int\frac{x^2+1}{(x+1)^2(x-1)}\mathrm{d}x=\int\left[\frac{\frac{1}{2}}{x-1}+\frac{\frac{1}{2}}{x+1}+\frac{-1}{(x+1)^2}\right]\mathrm{d}x$$

$$=\frac{1}{2}\ln|x-1|+\frac{1}{2}\ln|x+1|+\frac{1}{x+1}+C.$$

第三节　应用案例

本节是学生自学内容，在第四章有理函数积分部分，涉及到了实系数多项式函数的因式分解、把有理函数分解为“分项分式”的问题. 书上讲到，对有理函数的分母中的多项式函数进行因式分解，分项分式可能产生的四种形式. 对此课程教学中可能没有过多讲解，学生通常也没有去深究它，因而对此往往不甚了解.

问题之一：一个任意实系数多项式“在实数域上”能够因式分解成什么形式？例如下面的两个实系数多项式

$$x^4+1;x^3+x+1$$

可否因式分解？对此先介绍一个已有的结论.

定理(代数基本定理)：任何 n 次实系数多项式方程，即 n 次代数方程

$$x^n+a_1x^{n-1}+\cdots+a_{n-1}x+a_n=0$$

在复数域上一定有 n 个复根.

这个定理的证明可以在一般的“高等代数”教材中找到. 从此结论出发，我们不难得到：

推论 1　如果实系数多项式方程 $x^n+a_1x^{n-1}+\cdots+a_{n-1}x+a_n=0$ 有虚根，则其虚根必定是成对共轭出现的.

证明　设虚数 $z=p+q\mathrm{i}(q\neq 0)$ 是方程的一个根，即

$$z^n+a_1z^{n-1}+\cdots+a_{n-1}z+a_n=0$$

在等式两边取“共轭”，并由共轭运算的性质，有

$$(\overline{z})^n+a_1(\overline{z})^{n-1}+\cdots+a_{n-1}\overline{z}+a_n=0$$

从而$\overline{z}=p-qi$也是方程的根.证毕.

推论2　若对任意一个实系数多项式$x^n+a_1x^{n-1}+\cdots+a_{n-1}x+a_n$"在实数域上"进行因式分解,则最终必定可分解为若干个一次实因式(即形如$(x-a)$,a是实数),以及不可分解的二次因式(形为x^2+ax+b,　$\Delta=b^2-4ac<0$的因式)的乘积的形式.

证明　这个结论从上面一个推论不难得到.事实上,因为由代数基本定理,任意实系数多项式必定有n个(实或虚的)根,而且假设$z=p+qi(q\neq 0)$是其一个虚根,则该方程必定同时具有共轭虚根$\overline{z}=p-qi$,于是多项式必定含有子因式

$$(x-z)(x-\overline{z})=[x-(p+qi)][x-(p-qi)]=x^2-2px+(p^2+q^2)$$

且其判别式小于零,即该因式是不可分解的二次式.证毕.

综合上面的讨论,我们知道了多项式在实数域上的分解因式的最终形式.换句话说,任何三次或三次以上的因式,在实数域上必定是可以因式分解的.例如前面的例子

$$\begin{aligned}x^4+1&=(x^4+2x^2+1)-2x^2=(x^2+1)^2-(\sqrt{2}x)^2\\&=(x^2+\sqrt{2}x+1)\cdot(x^2-\sqrt{2}x+1)\end{aligned}$$

另一个多项式x^3+x+1的因式分解问题留给大家自己去做,但应该提醒大家,这个分解问题似乎并不很容易.

由上可见,对任意一个实系数多项式,我们"会不会"分解它,与它本身"能不能"分解,这是两个不同性质的问题.对这个问题的理解,在我们学习高等数学,以及今后学习线性代数等课程中都是有帮助的.

问题之二:与分解问题的理论探讨相对应的另外一个方面的问题,就是对任意代数方程

$$x^n+a_1x^{n-1}+\cdots+a_{n-1}x+a_n=0$$

怎么去具体求出它的一个根或者全部(实或复)根的问题.

你一定知道二次方程的求根公式.也许从数学手册等地方,还了解三次、四次方程也有复杂的求根公式.而且五次及五次以上的方程就给不出求根的公式了.若继续探讨下去,这显然是个让人更加不轻松的话题,虽然可以推想到它又是多么的富有实际意义.

我们明白一个人一生的社会实践过程必定是有限的.那么为什么我们不能更多地去"共享"一下别人实践的成果呢?下面想要介绍给大家的"别人已有的实践成果",就是在第一章中我们曾经提到过的工程数学软件Matlab.在Matlab的命令窗口,我们输入

```
>> solve('x^3+x+1','x')
```

回车,它就给我们该方程3个根的答案:

```
ans = -1/6*(108+12*93^(1/2))^(1/3)+2/(108+12*93^(1/2))^(1/3);
      1/12*(108+12*93^(1/2))^(1/3)-1/(108+12*93^(1/2))^(1/3)+
      1/2*i*3^(1/2)*(-1/6*(108+12*93^(1/2))^(1/3)-2/(108+12*93^
      (1/2))^(1/3));
```

```
1/12 * (108+12 * 93^(1/2))^(1/3)-1/(108+12 * 93^(1/2))^(1/3)-1/2 * i * 3^
(1/2) * (-1/6 * (108+12 * 93^(1/2))^(1/3)-2/(108+12 * 93^(1/2))^(1/3)).
```

根的表达也太复杂了!? 别着急,在命令窗口继续输入

```
>> vpa(ans,4)
```

回车后就得到

```
ans =-.06826;.3411-1.162 * i;.03411+1.162 * i
```

这足够简单了吧？漂亮、清楚的结果几乎让人陶醉其中了.

然而,也许有人对上面的求解过程“不以为意”甚或“不以为然”. 实则它已经包含了“符号运算”与“高精度科学计算”两个方面的深刻的,数学理论与计算机方法了.

Matlab 的功能如此之强大,它可以“轻松地”解决我们在高等数学课程中出现的所有的数学问题. 如果大家以后选学“数学建模”等这样的课程,我们或许还有机会更广泛和深入地研究、学习和使用它.

第四节 练习题

4-1 不定积分定义与性质

1. 计算不定积分：

(1) $\int \frac{1}{x^2\sqrt{x}}dx$；

(2) $\int\left(\frac{3}{1+x^2}-\frac{2}{\sqrt{1-x^2}}\right)dx$；

(3) $\int \frac{3x^4+3x^2+1}{x^2+1}dx$；

(4) $\int (x^2-3x+2)dx$；

(5) $\int \sec x(\sec x-\tan x)dx$；

(6) $\int \frac{x^2}{1+x^2}dx$；

(7) $\int\left(2\mathrm{e}^{x}+\frac{3}{x}\right)\mathrm{d}x$；

(8) $\int\frac{2\cdot 3^{x}-5\cdot 2^{x}}{3^{x}}$；

(9) $\int\frac{1}{1+\cos 2x}\mathrm{d}x$；

(10) $\int\frac{\cos 2x}{\cos^{2}x\sin^{2}x}\mathrm{d}x$.

2. 一曲线通过点$(\mathrm{e}^{2},3)$，且在任一点处的切线的斜率等于该点横坐标的倒数，求该曲线的方程.

4-2 换元积分法

1. 填空：

(1) $x\mathrm{d}x=$ ________ $\mathrm{d}(1-x^2)$；

(2) $\mathrm{e}^{-\frac{x}{2}}\mathrm{d}x=$ ________ $\mathrm{d}(1+\mathrm{e}^{-\frac{x}{2}})$；

(3) $\frac{\mathrm{d}x}{x}=$ ________ $\mathrm{d}(3-5\ln x)$；

(4) $\frac{\mathrm{d}x}{1+9x^2}=$ ________ $\mathrm{d}(\arctan 3x)$；

(5) $\frac{x\mathrm{d}x}{\sqrt{1-x^2}}=$ ________ $\mathrm{d}\sqrt{1-x^2}$；

(6) $\sec x\tan x\mathrm{d}x=$ ________ $\mathrm{d}\sec x$.

2. 计算不定积分：

(1) $\int(3-2x)^3\mathrm{d}x$；

(2) $\int\frac{\sin\sqrt{t}}{\sqrt{t}}\mathrm{d}t$；

(3) $\int x\mathrm{e}^{-x^2}\mathrm{d}x$；

(4) $\int\frac{1}{1+\mathrm{e}^x}\mathrm{d}x$；

(5) $\int\frac{1}{x\ln x\ln(\ln x)}\mathrm{d}x$；

(6) $\int\tan\sqrt{1+x^2}\,\frac{x\mathrm{d}x}{\sqrt{1+x^2}}$.

(7) $\int\sin 2x\cos 3x\mathrm{d}x$；

(8) $\int\sin 2x\sqrt{2+\cos^2 x}\mathrm{d}x$；

(9) $\int \cos^3 x\mathrm{d}x$;

(10) $\int \frac{\cos x+\sin x}{\sqrt[3]{\sin x-\cos x}}\mathrm{d}x$;

(11) $\int \tan^3 x \cdot \sec x\mathrm{d}x$;

(12) $\int \frac{\arctan\sqrt{x}}{\sqrt{x}}\frac{\mathrm{d}x}{1+x}$.

3. 计算不定积分：

(1) $\int \frac{1}{x\sqrt{x^2-1}}\mathrm{d}x$;

(2) $\int \frac{x^2}{\sqrt{a^2-x^2}}\mathrm{d}x,(a>0)$.

(3) $\int \frac{1}{\sqrt{(x^2+1)^3}}\mathrm{d}x$;

(4) $\int \frac{1}{1+\sqrt{2x}}\mathrm{d}x$.

4－3 分部积分法

1. 计算不定积分：

(1) $\int \ln x \mathrm{d}x$；

(2) $\int x^2 \sin x \mathrm{d}x$；

(3) $\int \arcsin x \mathrm{d}x$；

(4) $\int x\mathrm{e}^{-x} \mathrm{d}x$；

(5) $\int x \tan^2 x \mathrm{d}x$；

(6) $\int \frac{\ln x}{\sqrt{x}} \mathrm{d}x$；

(7) $\int x^3 e^{x^2} dx$；

(8) $\int e^x \sin^2 x dx$.

2. 已知$\frac{\sin x}{x}$是$f(x)$的原函数,求$\int x f'(x) dx$.

4 - 4 有理函数的积分

1. $\int \frac{2x+3}{x^2+3x-10}\mathrm{d}x.$

2. $\int \frac{x\mathrm{d}x}{(x+1)(x+2)(x+3)}.$

3. $\int \frac{\mathrm{d}x}{\sqrt{x}+\sqrt[4]{x}}.$

4. $\int \frac{\sqrt{x+1}-1}{\sqrt{x+1}+1}\mathrm{d}x.$

5. $\int \frac{1}{2+\sin x} \mathrm{d}x$.

6. $\int \frac{1}{1+\sin x+\cos x} \mathrm{d}x$.

第五节 自测题

一、填空题(每题 3 分,共 15 分)

1. 若 $F'(x)=f(x)$,则$\int f(2x)\mathrm{d}x=$ ________.

2. $\int xf(x)\mathrm{d}x=\arcsin x+C$,则$\int\frac{1}{f(x)}\mathrm{d}x=$ ________.

3. 若 e^{-x} 是 $f(x)$ 的原函数,则$\int x^2f(\ln x)\mathrm{d}x=$ ________.

4. $\int \mathrm{e}^{x^2+\ln x}\mathrm{d}x=$ ________.

5. $\int\frac{\mathrm{d}x}{\sqrt{x(4-x)}}=$ ________.

二、选择题(每题 3 分,共 15 分)

1. 若 $f(x)$ 为连续的奇函数,且 $F'(x)=f(x)$,则 $F(x)$ 为 ( )

   A. 奇函数　　B. 偶函数

   C. 既非奇函数,也非偶函数　　D. 周期函数

2. 已知 $F(x)$ 是 $\sin(x^2)$ 的一个原函数,则 $\mathrm{d}F(x^2)=$ ( )

   A. $2x\sin(x^4)\mathrm{d}x$　　B. $\sin(x^4)\mathrm{d}x$

   C. $2x\sin(x^2)\mathrm{d}x$　　D. $\sin(x^2)\mathrm{d}x^2$

3. 若$\int f(x)\mathrm{d}x=F(x)+C$,则$\int f(ax+b)\mathrm{d}x=$ ( )

   A. $aF(ax+b)+C$　　B. $\frac{1}{a}F(ax+b)+C$

   C. $aF(x)+C$　　D. $aF(ax+b)+C$

4. 不定积分$\int|x|\mathrm{d}x=$ ( )

   A. $\frac{1}{2}x^2+C$　　B. $\begin{cases}\frac{1}{2}x^2+C_1, & x\geqslant 0\\ -\frac{1}{2}x^2+C_2, & x\leqslant 0\end{cases}$

   C. $x|x|+C$　　D. $\frac{1}{2}x|x|+C$

5. 已知 $f(x)$ 的一个原函数是 e^{-x^2},则$\int xf'(x)\mathrm{d}x=$ ( )

   A. $-2x^2\mathrm{e}^{-x^2}+C$　　B. $-2x^2\mathrm{e}^{-x^2}$

   C. $\mathrm{e}^{-x^2}(-2x^2-1)+C$　　D. $xf(x)-\int f(x)\mathrm{d}x$

三、计算不定积分（每题 6 分，共 36 分）

1. $\int \frac{1}{\sqrt{x+1}+\sqrt{x-1}}\mathrm{d}x$.

2. $\int \frac{1}{x^2+x-2}\mathrm{d}x$.

3. $\int \sin^3 x \cos^2 x \mathrm{d}x$.

4. $\int \tan^2 x \sec^4 x \mathrm{d}x$.

5. $\int \frac{x^3}{\sqrt{4+x^2}}\mathrm{d}x$.

6. $\int \frac{\mathrm{d}x}{\mathrm{e}^x+\mathrm{e}^{-x}}$.

四、计算不定积分(每题 6 分,共 24 分)

1. $\int \sqrt{a^2-x^2}\,\mathrm{d}x,(a>0)$.

2. $\int \frac{x+1}{x\sqrt{x-2}}\mathrm{d}x$.

3. $\int x^2 \arccos x \mathrm{d}x$.

4. $\int \frac{\arctan \sqrt{x}}{\sqrt{x}} \mathrm{d}x$.

五、(10 分) 设 $f(x)$ 在$[1,+\infty)$ 可导,$f(1)=0$,$f'(\mathrm{e}^x+1)=3\mathrm{e}^{2x}+2$,求 $f(x)$.

第六节　练习题与自测题答案

练习题答案

4 - 1

1. (1) $-\frac{2}{3}x^{-\frac{3}{2}}+C$；　(2) $3\arctan x-2\arcsin x+C$；　(3) $x^3+\arctan x+C$；(4) $\frac{1}{3}x^3-\frac{3}{2}x^2+2x+C$；　(5) $\tan x-\sec x+C$；(6) $x-\arctan x+C$；　(7) $2e^x+3\ln|x|+C$；　(8) $2x-5\left(\frac{2}{3}\right)^x\cdot\frac{1}{\ln2-\ln3}+C$；　(9) $\frac{1}{2}\tan x+C$；　(10) $-(\cot x+\tan x)+C$.

2. $y=\ln|x|+1$.

4 - 2

1. (1) $-\frac{1}{2}$　(2) -2　(3) $-\frac{1}{5}$　(4) $\frac{1}{3}$　(5) -1　(6) 1

2. (1) $-\frac{1}{8}(3-2x)^4+C$；　(2) $-2\cos\sqrt{t}+C$；　(3) $-\frac{1}{2}e^{-x^2}+C$；　(4) $x-\ln(e^x+1)+C$；　(5) $\ln|\ln\ln x|+C$；　(6) $-\ln|\cos\sqrt{1+x^2}|+C$；　(7) $\frac{1}{2}\cos x-\frac{1}{10}\cos5x+C$；　(8) $-\frac{2}{3}(2+\cos^2x)^{\frac{3}{2}}+C$；　(9) $\sin x-\frac{1}{3}\sin^3x+C$；　(10) $\frac{3}{2}\sqrt[3]{(\sin x-\cos x)^2}+C$；　(11) $\frac{1}{3}\sec^3x-\sec x+C$；　(12) $(\arctan\sqrt{x})^2+C$.

3. (1) $\arccos\frac{1}{|x|}+C$；　(2) $\frac{a^2}{2}(\arcsin\frac{x}{a}-\frac{x}{a^2}\sqrt{a^2-x^2})+C$；

(3) $\frac{x}{\sqrt{1+x^2}}+C$；　(4) $\sqrt{2x}-\ln(1+\sqrt{2x})+C$.

4 - 3

1. (1) $x\ln x-x+C$；　(2) $-x^2\cos x+2x\sin x-2\cos x+C$；　(3) $x\arcsin x+\sqrt{1-x^2}+C$；　(4) $-e^{-x}(x+1)+C$；　(5) $-\frac{1}{2}x^2+x\tan x+\ln|\cos x|+C$；(6) $2\sqrt{x}\ln x-4\sqrt{x}+C$；　(7) $\frac{1}{2}(x^2-1)e^{x^2}+C$；　(8) $\frac{1}{2}e^x-\frac{1}{5}e^x\sin2x-\frac{1}{10}e^x\cos2x+C$.

2. $\cos x-2\frac{\sin x}{x}+C$.

4 - 4

1. $\ln|x-2|+\ln|x+5|+C$.　2. $2\ln|x+2|-\frac{1}{2}\ln|x+1|-\frac{3}{2}\ln|x+3|+$

C.

3. $2\sqrt{x}-4\sqrt[4]{x}+4\ln(\sqrt[4]{x}+1)+C$.

4. $x-4\sqrt{x+1}+4\ln(\sqrt{x+1}+1)+C$.

5. $\frac{2}{\sqrt{3}}\arctan\frac{2\tan\frac{x}{2}+1}{\sqrt{3}}+C$.

6. $\ln\left|1+\tan\frac{x}{2}\right|+C$.

自测题答案

一、1. $\frac{1}{2}F(2x)+C$　2. $-\frac{1}{3}(1-x^2)^{\frac{3}{2}}+C$　3. $-\frac{1}{2}x^2+C$　4. $\frac{1}{2}e^{x^2}+C$

5. $2\arcsin\left(\frac{\sqrt{x}}{2}\right)+C$

二、1. B　2. A　3. B　4. D　5. C

三、1. $\frac{1}{3}(x+1)^{\frac{3}{2}}-\frac{1}{3}(x-1)^{\frac{3}{2}}+C$.　2. $\frac{1}{3}\ln|x-1|-\frac{1}{3}\ln|x+2|+C$.

3. $\frac{1}{5}\cos^5 x-\frac{1}{3}\cos^3 x+C$.　4. $\frac{\tan^5 x}{5}+\frac{\tan^3 x}{3}+C$.　5. $\frac{1}{3}(4+x^2)^{\frac{3}{2}}-4\sqrt{4+x^2}+C$.

6. $\arctan e^x+C$.

四、1. $\frac{1}{2}a^2\arcsin\left(\frac{x}{a}\right)+\frac{1}{2}x\sqrt{a^2-x^2}+C$.　2. $2\sqrt{x-2}+\sqrt{2}\arctan\left[\frac{\sqrt{x-2}}{\sqrt{2}}\right]+C$.

3. $\frac{1}{3}x^3\arccos x+\frac{1}{9}(1-x^2)^{\frac{3}{2}}-\frac{1}{3}\sqrt{1-x^2}+C$.　4. $2\sqrt{x}\arctan\sqrt{x}-\ln|1+x|+C$.

五、$f(x)=(x-1)^3+2x-2$.

第五章　定积分

第一节　内容提要

一、定积分的概念

1. 定义：函数 $f(x)$ 在区间 $[a,b]$ 上有界，将区间任意分割成小区间 $[x_0,x_2]$，$[x_1,x_2]$，…，$[x_{n-1},x_n]$，记 $\Delta x_i=x_i-x_{i-1}$，任取 $\xi_i\in[x_{i-1},x_i]$，记 $\lambda=\max\{\Delta x_1,\Delta x_2,\cdots,\Delta x_n\}$，当 $\lambda\to 0$ 时，$\sum\limits_{i=1}^{n}f(\xi_i)\Delta x_i$ 总趋于同一极限值 A，则称 $f(x)$ 在 $[a,b]$ 上可积，并称极限值 A 为函数 $f(x)$ 在 $[a,b]$ 上的定积分，即 $f(x)$ 在区间 $[a,b]$ 上的定积分

$$\int_a^b f(x)\mathrm{d}x=\lim_{\lambda\to 0}\sum_{i=1}^{n}f(\xi_i)\Delta x_i.$$

2. 函数可积的两个充分条件：

(1) 设 $f(x)$ 在 $[a,b]$ 上连续，则 $f(x)$ 在 $[a,b]$ 上可积.

(2) 设 $f(x)$ 在 $[a,b]$ 上有界，且只有有限个间断点，则 $f(x)$ 在 $[a,b]$ 上可积.

二、定积分的几何意义

(1) 在 $[a,b]$ 上，$f(x)\geqslant 0$ 时，$\int_a^b f(x)\mathrm{d}x$ 在几何上表示由曲线 $y=f(x)$、两条直线 $x=a$，$x=b$ 与 x 轴所围的曲边梯形的面积.

(2) 在 $[a,b]$ 上，$f(x)\leqslant 0$ 时，$\int_a^b f(x)\mathrm{d}x$ 表示上述曲边梯形面积的负值.

(3) 在 $[a,b]$ 上，$f(x)$ 的值有正有负时，$\int_a^b f(x)\mathrm{d}x$ 表示各个曲边梯形面积的代数和.

三、定积分的性质

1. $\int_a^b[f(x)\pm g(x)]\mathrm{d}x=\int_a^b f(x)\mathrm{d}x\pm\int_a^b g(x)\mathrm{d}x$.

2. $\int_a^b kf(x)\mathrm{d}x=k\int_a^b f(x)\mathrm{d}x$.

3. $\int_a^b f(x)\mathrm{d}x=\int_a^c f(x)\mathrm{d}x+\int_c^b f(x)\mathrm{d}x$.

4. $\int_a^b 1\mathrm{d}x=b-a$.

5. 若 $f(x)$ 在 $[a,b]$ 上可积，且 $f(x)\geqslant 0$，则 $\int_a^b f(x)\mathrm{d}x\geqslant 0$.

6. 若 $f(x)$ 在 $[a,b]$ 上可积，且存在常数 m 和 M，使对一切 $x\in[a,b]$ 有 $m\leqslant f(x)\leqslant M$，则 $m(b-a)\leqslant\int_a^b f(x)\mathrm{d}x\leqslant M(b-a)$.

7. 若 $f(x)$ 在 $[a,b]$ 上连续，则在 $[a,b]$ 上至少存在一点 ξ，使得 $\int_a^b f(x)\mathrm{d}x=f(\xi)(b-a)$.

四、积分上限函数及其导数

设函数 $f(x)$ 在区间 $[a,b]$ 上可积，积分上限函数

$$\Phi(x)=\int_a^x f(t)\mathrm{d}t,\quad a\leqslant x\leqslant b$$

是可导的，并且有下面结论：

(1) 设 $f(x)$ 在 $[a,b]$ 上连续，则 $\Phi(x)=\int_a^x f(t)\mathrm{d}t$ 在 $[a,b]$ 上可导，且

$$\Phi'(x)=f(x),\quad x\in[a,b].$$

(2) 设 $f(x)$ 为连续函数，且存在复合 $f[\varphi(x)]$ 与 $f[\psi(x)]$，其中 $\varphi(x),\psi(x)$ 皆为可导函数，则

$$\frac{\mathrm{d}}{\mathrm{d}x}\int_a^{\varphi(x)} f(t)\mathrm{d}t=f[\varphi(x)]\varphi'(x),$$

$$\frac{\mathrm{d}}{\mathrm{d}x}\int_{\psi(x)}^{b} f(t)\mathrm{d}t=-f[\psi(x)]\psi'(x),$$

$$\frac{\mathrm{d}}{\mathrm{d}x}\int_{\psi(x)}^{\varphi(x)} f(t)\mathrm{d}t=f[\varphi(x)]\varphi'(x)-f[\psi(x)]\psi'(x).$$

五、牛顿-莱布尼兹公式

设 $f(x)$ 在 $[a,b]$ 上连续，若 $F(x)$ 是 $f(x)$ 在 $[a,b]$ 上的一个原函数，则

$$\int_a^b f(x)\mathrm{d}x=F(b)-F(a).$$

此公式揭示了定积分与不定积分之间的关系，它给定积分提供了一个有效而简便的计算方法，大大简化了定积分的计算.

六、定积分的换元积分法与分部积分法

1. 换元积分法

设函数 $f(x)$ 在 $[a,b]$ 上连续，函数 $x=\varphi(t)$ 在 $I(I=[\alpha,\beta]$ 或 $[\beta,\alpha])$ 上有连续的导数，并且 $\varphi(\alpha)=a,\varphi(\beta)=b,a\leqslant\varphi(t)\leqslant b(t\in I)$，则

$$\int_a^b f(x)\mathrm{d}x=\int_\alpha^\beta f[\varphi(t)]\varphi'(t)\mathrm{d}t$$

应用换元公式时，需要注意：(1) 把原来变量换成新变量时，积分限要换成新变量的积分限；(2) 还原后，不必像计算不定积分那样再换回原来的变量.

2. 分部积分法

若 $u(x),v(x)$ 在 $[a,b]$ 上有连续的导数，则

$$\int_a^b u(x)v'(x)\mathrm{d}x=u(x)v(x)\Big|_a^b-\int_a^b v(x)u'(x)\mathrm{d}x.$$

使用此方法的原则同不定积分.

第二节　典型例题分析与求解

一、定积分概念

例 1　利用几何意义计算：(1) $\int_0^1 2x\mathrm{d}x$；　　(2) $\int_0^R \sqrt{R^2-x^2}\mathrm{d}x$.

解　(1) 因为函数 $y=2x>0, x\in[0,1]$，所以定积分 $\int_0^1 2x\mathrm{d}x$ 表示一个直角三角形的面积，此直角三角形面积

$$S=\frac{1}{2}\times1\times2=1$$

故 $\int_0^1 2x\mathrm{d}x=1$.

(2) 设 $y=\sqrt{R^2-x^2}, x\in[0,R]$，曲线 $y=\sqrt{R^2-x^2}, x\in[0,R]$ 表示圆心在 $(0,0)$，半径为 R 且在第一象限的 $\frac{1}{4}$ 圆，又 $\frac{1}{4}$ 圆的面积为 $\frac{\pi R^2}{4}$，所以

$$\int_0^R \sqrt{R^2-x^2}\mathrm{d}x=\frac{\pi R^2}{4}.$$

例 2　计算下列极限

(1) $\lim\limits_{n\to\infty}\frac{1^p+2^p+\cdots+n^p}{n^{p+1}}(p>0)$；

(2) $\lim\limits_{n\to\infty}\left(\frac{1}{\sqrt{4n^2-1}}+\frac{1}{\sqrt{4n^2-2^2}}+\cdots+\frac{1}{\sqrt{4n^2-n^2}}\right)$.

分析　本例中两个小题是求和式极限. 由定积分定义

$$\int_0^1 f(x)\mathrm{d}x=\lim_{\lambda\to0}\sum_{i=1}^n f(\xi_i)\Delta x_i$$

和式中若取 $\Delta x_i=\dfrac{1}{n},\xi_i=\dfrac{i}{n}$(或 $\xi_i=\dfrac{i-1}{n}$)得

$$\lim_{n\to\infty}\frac{1}{n}\sum_{i=1}^{n}f\left(\frac{i}{n}\right)=\int_0^1 f(x)\mathrm{d}x,\text{或}\lim_{n\to\infty}\frac{1}{n}\sum_{i=1}^{n}f\left(\frac{i-1}{n}\right)=\int_0^1 f(x)\mathrm{d}x$$

即可以将和式极限转换为定积分来计算.

解　(1) 原式 $=\lim\limits_{n\to\infty}\dfrac{1}{n}\left[\left(\dfrac{1}{n}\right)^p+\left(\dfrac{2}{n}\right)^p+\cdots+\left(\dfrac{n}{n}\right)^p\right]$

$$=\int_0^1 x^p\mathrm{d}x=\frac{1}{p+1}.$$

(2) 原式 $=\lim\limits_{n\to\infty}\dfrac{1}{n}\left[\dfrac{1}{\sqrt{4-\left(\frac{1}{n}\right)^2}}+\dfrac{1}{\sqrt{4-\left(\frac{2}{n}\right)^2}}+\cdots+\dfrac{1}{\sqrt{4-\left(\frac{n}{n}\right)^2}}\right]$

$$=\int_0^1\frac{1}{\sqrt{4-x^2}}\mathrm{d}x=\frac{\pi}{6}.$$

例 3　证明不等式

(1) $\ln(1+\sqrt{2})<\displaystyle\int_0^1\frac{\mathrm{d}x}{\sqrt{1+x^n}}<1\ (n>2)$；　　(2) $\dfrac{1}{2}\pi\leqslant\displaystyle\int_0^{\frac{\pi}{2}}\mathrm{e}^{\sin x}\mathrm{d}x\leqslant\dfrac{\pi}{2}\mathrm{e}.$

分析　如要估计定积分的大小,首先要估计函数在积分区间上的值的大小,然后就根据定积分性质可以得到所要证明的不等式.

解　(1) 因为 $\sqrt{1+x^2}>\sqrt{1+x^n}>1,x\in(0,1)$，于是

$$\int_0^1\frac{\mathrm{d}x}{\sqrt{1+x^2}}<\int_0^1\frac{\mathrm{d}x}{\sqrt{1+x^n}}<1$$

而 $\displaystyle\int_0^1\frac{\mathrm{d}x}{\sqrt{1+x^2}}=\ln(1+\sqrt{2})$，结论显然.

(2) 因为在 $\left[0,\dfrac{\pi}{2}\right]$ 上，$0\leqslant\sin x\leqslant 1$，所以

$$1\leqslant\mathrm{e}^{\sin x}\leqslant\mathrm{e}$$

从而得

$$\frac{1}{2}\pi\leqslant\int_0^{\frac{\pi}{2}}\mathrm{e}^{\sin x}\mathrm{d}x\leqslant\frac{1}{2}\pi\mathrm{e}.$$

二、变上限函数

例 4　(1) 求极限 $\lim\limits_{x\to0}\dfrac{\int_x^0\ln(1+t)\mathrm{d}t}{x^2}$；

(2) 设函数 $f(x)$ 在 $[0,+\infty)$ 上可导，$f(0)=0$，且其反函数为 $g(x)$，若 $\displaystyle\int_0^{f(x)}g(t)\mathrm{d}t$

$=x^2e^x$，求 $f(x)$.

解　(1) 显然可见，当 $x\to 0$ 时，所求极限为 $\frac{0}{0}$ 型，而 $\frac{d}{dx}\int_x^0\ln(1+t)dt=-\ln(1+x)$，故由洛必达法则有

$$\lim_{x\to 0}\frac{\int_x^0\ln(1+t)dt}{x^2}=\lim_{x\to 0}\frac{-\ln(1+x)}{2x}=-\frac{1}{2}\lim_{x\to 0}\frac{1}{1+x}=-\frac{1}{2}.$$

(2) 方程两边对 x 求导，得

$$g(f(x))f'(x)=2xe^x+x^2e^x$$

因为 $f(x)$ 的反函数为 $g(x)$，所以 $g(f(x))=x$，则

$$xf'(x)=2xe^x+x^2e^x$$

当 $x\neq 0$ 时，$f'(x)=2e^x+xe^x$，积分得

$$f(x)=(x+1)e^x+C$$

又 $f(x)$ 在点 $x=0$ 连续，所以

$$0=f(0)=\lim_{x\to 0}[(x+1)e^x+C]=1+C$$

解得 $C=-1$，因此函数 $f(x)=(x+1)e^x-1$.

例 5　求由方程 $\int_0^y e^{t^2}dt+\int_0^{\sqrt{x}}(1-t)^3dt=0$ 所确定的函数 $y=y(x)$ 的可能极值点，并讨论这些点是极大值点，还是极小值点.

分析　本题是一个积分方程，所确定的函数为一个隐含数，只要按照一般求极值的方法求解即可.

解　方程两边对 x 求导得

$$y'e^{y^2}+(1-\sqrt{x})^3(\sqrt{x})'=0$$

进而可以求得

$$y'=-\frac{(1-\sqrt{x})^3}{2\sqrt{x}e^{y^2}}$$

令 $y'=0$ 得，函数 $y=y(x)$ 的可能极值点为 $x=1$. 当 $0<x<1$ 时，$y'<0$，当 $x>1$ 时，$y'>0$. 所以函数 $y=y(x)$ 只有一个极小值点 $x=1$，没有极大值点.

例 6　设 $\varphi(u)$ 是连续的正值函数，$f(x)=\int_{-c}^{c}|x-u|\varphi(u)du$，证明曲线 $y=f(x)$ 在区间 $[-c,c]$ 上是凹的.

分析　本题是一个利用二阶导数符号来判别函数的凹凸性的计算证明. 其关键是如何求出 $f'(x)$ 和 $f''(x)$. 因为 $f(x)=\int_{-c}^{c}|x-u|\varphi(u)du$ 中含有绝对值，所以要先去掉绝对值. 为此，我们需要将积分区间分为 $[-c,x]$ 和 $[x,c]$，并把自变量 x 从积分号里面

分离出来.

解 由定积分对于积分区间的可加性,得

$$f(x)=\int_{-c}^{x}(x-u)\varphi(u)\mathrm{d}u+\int_{x}^{c}(u-x)\varphi(u)\mathrm{d}u$$
$$=x\int_{-c}^{x}\varphi(u)\mathrm{d}u-\int_{-c}^{x}u\varphi(u)\mathrm{d}u+\int_{x}^{c}u\varphi(u)\mathrm{d}u-x\int_{x}^{c}\varphi(u)\mathrm{d}u,$$

方程两边求导,有

$$f'(x)=\int_{-c}^{x}\varphi(u)\mathrm{d}u+x\varphi(x)-x\varphi(x)-x\varphi(x)-\int_{x}^{c}\varphi(u)\mathrm{d}u+x\varphi(x)$$
$$=\int_{-c}^{x}\varphi(u)\mathrm{d}u-\int_{x}^{c}\varphi(u)\mathrm{d}u$$
$$=\int_{-c}^{x}\varphi(u)\mathrm{d}u+\int_{c}^{x}\varphi(u)\mathrm{d}u,$$

上面方程两边在求导,得二阶导数

$$f''(x)=\varphi(x)+\varphi(x)=2\varphi(x)>0.$$

因此,曲线 $y=f(x)$ 在区间 $[-c,c]$ 上是凹的.

三、换元法

例 7 计算如下定积分

(1) $\int_{0}^{\pi}(1-\sin^{3}\theta)\mathrm{d}\theta$; (2) $\int_{0}^{1}(x-\sqrt{1-x^{2}})^{2}\mathrm{d}x$;

(3) $\int_{0}^{\frac{\pi}{4}}\frac{x}{1+\cos 2x}\mathrm{d}x$; (4) $\int_{0}^{\pi}\sqrt{\sin^{3}x-\sin^{5}x}\mathrm{d}x$;

(5) $\int_{0}^{1}x\sqrt{1-x}\mathrm{d}x$; (6) $\int_{0}^{1}\frac{x^{2}}{1+\sqrt{1-x^{2}}}\mathrm{d}x$.

分析 应用换元积分法求定积分,其方法同不定积分的换元法.但注意把原来变量换成新变量时,积分限要换成新变量的积分限,即“换元必换限”.

解 (1) $\int_{0}^{\pi}(1-\sin^{3}\theta)\mathrm{d}\theta=\int_{0}^{\pi}\mathrm{d}\theta-\int_{0}^{\pi}\sin^{3}\theta\mathrm{d}\theta=\pi+\int_{0}^{\pi}(1-\cos^{2}\theta)\mathrm{d}\cos\theta$

$$=\pi+\left[\cos\theta-\frac{1}{3}\cos^{3}\theta\right]_{0}^{\pi}=\pi-\frac{4}{3}.$$

(2) $\int_{0}^{1}(x-\sqrt{1-x^{2}})^{2}\mathrm{d}x=\int_{0}^{1}(1-x\sqrt{1-x^{2}})\mathrm{d}x=1-\int_{0}^{1}x\sqrt{1-x^{2}}\mathrm{d}x$

$$=1+\frac{1}{2}\int_{-1}^{1}\sqrt{1-x^{2}}\mathrm{d}(1-x^{2})$$
$$=1+\frac{1}{3}(1-x^{2})^{\frac{3}{2}}\Big|_{0}^{1}=1-\frac{1}{3}=\frac{2}{3}.$$

(3) $\int_0^{\frac{\pi}{4}} \frac{x}{1+\cos 2x}dx = \int_0^{\frac{\pi}{4}} \frac{x}{2\cos^2 x}dx = \frac{1}{2}\int_0^{\frac{\pi}{4}} x\mathrm{d}\tan x$

$$= \frac{1}{2}x\tan x\Big|_0^{\frac{\pi}{4}} - \frac{1}{2}\int_0^{\frac{\pi}{4}}\tan x dx$$

$$= \frac{\pi}{8} - \frac{1}{2}\ln\cos x\Big|_0^{\frac{\pi}{4}}$$

$$= \frac{\pi}{8} - \frac{1}{2}\ln 2.$$

(4) $\int_0^{\pi} \sqrt{\sin^3 x - \sin^5 x}dx = \int_0^{\pi}\sqrt{\sin^3 x(1-\sin^2 x)}dx$

$$= \int_0^{\pi}\sqrt{\sin^3 x}\cdot|\cos x|dx$$

$$= \int_0^{\frac{\pi}{2}}\sqrt{\sin^3 x}\cdot\cos x dx - \int_{\frac{\pi}{2}}^{\pi}\sqrt{\sin^3 x}\cdot\cos x dx$$

$$= \int_0^{\frac{\pi}{2}}\sqrt{\sin^3 x}\mathrm{d}\sin x - \int_{\frac{\pi}{2}}^{\pi}\sqrt{\sin^3 x}\mathrm{d}\sin x$$

$$= \frac{2}{5}\sin^{\frac{5}{2}}x\Big|_0^{\frac{\pi}{2}} - \frac{2}{5}\sin^{\frac{5}{2}}x\Big|_{\frac{\pi}{2}}^{\pi} = \frac{4}{5}.$$

(5) 令 $t=\sqrt{1-x}$，$x=1-t^2$，则 $dx=-2tdt$，故

$$\int_0^1 x\sqrt{1-x}dx = \int_1^0 (1-t^2)t\cdot(-2t)dt$$

$$= 2\int_0^1 (t^2-t^4)dt = \frac{2}{3}t^3\Big|_0^1 - \frac{2}{5}t^5\Big|_0^1 = \frac{4}{15}.$$

(6) 令 $x=\sin t$，则 $dx=\cos t dt$，故

$$\int_0^1 \frac{x^2}{1+\sqrt{1-x^2}}dx = \int_0^{\frac{\pi}{2}}\frac{\sin^2 t}{1+\cos t}\cos t dt$$

$$= \int_0^{\frac{\pi}{2}}\frac{1-\cos^2 t}{1+\cos t}\cos t dt = \int_0^{\frac{\pi}{2}}(1-\cos t)\cos t dt$$

$$= \int_0^{\frac{\pi}{2}}\cos t dt - \int_0^{\frac{\pi}{2}}\cos^2 t dt = 1-\frac{\pi}{4}.$$

例 8　计算下列定积分

(1) $\int_0^{\pi}\frac{\sin^2 x\cos x}{\sqrt{1+\sin^5 x}}dx$；　　(2) $\int_0^{\pi}\frac{x\sin x}{1+\cos^2 x}dx$.

分析　本例中的两个被积函数，它们的原函数都不易求得，因此很难用直接积分的方法求解. 但是，定积分具有其特殊性，有些特殊类型的定积分，虽然无法求得其原函数，但可以通过变量代换等方法求解.

解　(1) 令 $x=\pi-t$，则

$$I = \int_0^{\pi}\frac{\sin^2 x\cos x}{\sqrt{1+\sin^5 x}}dx = \int_{\pi}^{0}\frac{\sin^2(\pi-t)\cos(\pi-t)}{\sqrt{1+\sin^5(\pi-t)}}\mathrm{d}(\pi-t)$$

$$=-\int_0^{\pi}\frac{\sin^2 t\cos t}{\sqrt{1+\sin^5 t}}\mathrm{d}t=-I,$$

所以

$$I=\int_0^{\pi}\frac{\sin^2 x\cos x}{\sqrt{1+\sin^5 x}}\mathrm{d}x=0.$$

(2) $\int_0^{\pi}\frac{x\sin x}{1+\cos^2 x}\mathrm{d}x=\int_0^{\frac{\pi}{2}}\frac{x\sin x}{1+\cos^2 x}\mathrm{d}x+\int_{\frac{\pi}{2}}^{\pi}\frac{x\sin x}{1+\cos^2 x}\mathrm{d}x=I_1+I_2$

令 $x=\pi-t$，则

$$\begin{aligned}I_2&=-\int_{\frac{\pi}{2}}^{0}\frac{(\pi-t)\sin t}{1+\cos^2 t}\mathrm{d}t\\&=\int_0^{\frac{\pi}{2}}\frac{(\pi-t)\sin t}{1+\cos^2 t}\mathrm{d}t\\&=\int_0^{\frac{\pi}{2}}\frac{\pi\sin t}{1+\cos^2 t}\mathrm{d}t-\int_0^{\frac{\pi}{2}}\frac{t\sin t}{1+\cos^2 t}\mathrm{d}t\end{aligned}$$

所以

$$\int_0^{\pi}\frac{x\sin x}{1+\cos^2 x}\mathrm{d}x=\int_0^{\frac{\pi}{2}}\frac{\pi\sin t}{1+\cos^2 t}\mathrm{d}t=-\pi\cdot\arctan(\cos t)\Big|_0^{\frac{\pi}{2}}=\frac{\pi^2}{4}.$$

例 9 设 $f(x)=\begin{cases}1+x^2, x\leqslant 0,\\ \mathrm{e}^{-x}, x>0,\end{cases}$ 求 $\int_1^3 f(x-2)\mathrm{d}x$.

分析 本题为一个分段函数的积分，在作变换 $t=x-2$ 时，可见积分区间上函数表达式不统一，需要分段计算.

解 作变换 $t=x-2$，则

$$\begin{aligned}\int_1^3 f(x-2)\mathrm{d}x&=\int_{-1}^{1}f(t)\mathrm{d}t=\int_{-1}^{0}(1+t^2)\mathrm{d}t+\int_0^1\mathrm{e}^{-t}\mathrm{d}t\\&=\left(t+\frac{1}{3}t^2\right)\Big|_{-1}^{0}-\mathrm{e}^{-t}\Big|_0^1=\frac{7}{3}-\frac{1}{\mathrm{e}}.\end{aligned}$$

四、分部积分法

例 10 计算(1) $\int_0^1\frac{\ln(1+x)}{(2-x)^2}\mathrm{d}x$；(2) $\int_{-2}^{2}(|x|+x)\mathrm{e}^{-|x|}\mathrm{d}x$；(3) $\int_0^{\frac{\pi}{2}}\mathrm{e}^{2x}\cos x\mathrm{d}x$.

解 (1)
$$\begin{aligned}\int_0^1\frac{\ln(1+x)}{(2-x)^2}\mathrm{d}x&=\int_0^1\ln(1+x)\mathrm{d}\left(\frac{1}{2-x}\right)\\&=\frac{1}{2-x}\ln(1+x)\Big|_0^1-\int_0^1\frac{1}{(1+x)(2-x)}\mathrm{d}x\\&=\ln 2-\frac{1}{3}\int_0^1\left(\frac{1}{2-x}+\frac{1}{1+x}\right)\mathrm{d}x\\&=\ln 2-\frac{1}{3}\left[-\ln|2-x|+\ln|1+x|\right]_0^1=\frac{1}{3}\ln 2.\end{aligned}$$

(2) $\int_{-2}^{2}(|x|+x)e^{-|x|}dx=\int_{-2}^{0}(-x+x)e^{x}dx+\int_{0}^{2}(x+x)e^{-x}dx=0+2\int_{0}^{2}xe^{-x}dx$

$$=-2xe^{-x}\Big|_{0}^{2}+2\int_{0}^{2}e^{-x}dx=-4e^{-2}-2e^{-x}\Big|_{0}^{2}=2-6e^{-2}.$$

(3) $I=\int_{0}^{\frac{\pi}{2}}e^{2x}\cos x dx=e^{2x}\sin x\Big|_{0}^{\frac{\pi}{2}}-2\int_{0}^{\frac{\pi}{2}}e^{2x}\sin x dx$

$$=e^{\pi}+2e^{2x}\cos x\Big|_{0}^{\frac{\pi}{2}}-4\int_{0}^{\frac{\pi}{2}}e^{2x}\cos x dx$$

$$=e^{\pi}-2-4I,$$

故 $I=\frac{1}{5}(e^{\pi}-2)$.

例 11 (1) 设 $f(2)=\frac{1}{2}$, $f'(2)=0$, $\int_{0}^{2}f(x)dx=1$, 求 $\int_{0}^{1}x^{2}f''(2x)dx$;

(2) 设 $f(x)=\int_{1}^{\sqrt{x}}e^{-t^{2}}dt$, 求 $\int_{0}^{1}\frac{f(x)}{\sqrt{x}}dx$.

分析 第一小题出现函数 $f(2x)$ 的二阶导数,根据已知 $f'(2)=0$, $f(2)=\frac{1}{2}$, 需要将二阶导数降阶,直到化到 $f(x)$. 第二小题中含有 $e^{-t^{2}}$ 的定积分,而 $e^{-t^{2}}$ 没有初等原函数,不能通过直接积分方法求出 $f(x)$ 再带入计算.

解 (1) $\int_{0}^{1}x^{2}f''(2x)dx=\frac{1}{2}\int_{0}^{1}x^{2}df'(2x)=\frac{1}{2}x^{2}f'(2x)\Big|_{0}^{1}-\int_{0}^{1}xf'(2x)dx$

$$=-\int_{0}^{1}xf'(2x)dx=-\frac{1}{2}\int_{0}^{1}xdf(2x)$$

$$=-\frac{1}{2}xf(2x)\Big|_{0}^{1}+\int_{0}^{1}f(2x)dx$$

$$=-\frac{1}{2}f(2)+\frac{1}{4}\int_{0}^{2}f(t)dt=-\frac{1}{4}+\frac{1}{4}=0.$$

(2) 利用分部积分法,得

$$\int_{0}^{1}\frac{f(x)}{\sqrt{x}}dx=2\int_{0}^{1}f(x)d\sqrt{x}=2f(x)\sqrt{x}\Big|_{0}^{1}-\int_{0}^{1}\sqrt{x}f'(x)dx$$

由于 $f'(x)=e^{-x}\frac{1}{2\sqrt{x}}$, $f(1)=\int_{1}^{1}e^{-t^{2}}dt=0$, 所以

$$\int_{0}^{1}\frac{f(x)}{\sqrt{x}}dx=2f(x)\sqrt{x}\Big|_{0}^{1}-2\int_{0}^{1}\sqrt{x}f'(x)dx=-\int_{0}^{1}e^{-x}dx=e^{-1}-1.$$

五、综合题

例 12 (1) 设 $f(x)$ 为连续函数,且 $f(x)=x+2\int_{0}^{1}f(t)dt$, 求 $f(x)$;

(2) 设 $f(x)$ 为连续函数,且 $f(x)=2\int_{0}^{x}f(t)dt+1$, 求 $f(x)$.

分析 本例是含有积分的方程.特别注意题(1)中定积分$\int_0^1 f(t)\mathrm{d}t$是一个确定的常数,而非函数,而题(2)的变上限积分$\int_0^x f(t)\mathrm{d}t$是一个自变量x的函数.

解 (1) 定积分$\int_0^1 f(t)\mathrm{d}t$是一个确定的常数,设$a=\int_0^1 f(t)\mathrm{d}t$,则

$$f(x)=x+2a,$$

两边在区间$[0,1]$上积分,得

$$a=\int_0^1 f(x)\mathrm{d}x=\int_0^1 (x+2a)\mathrm{d}x=\frac{1}{2}+2a,$$

故$a=-\frac{1}{2}$.所求的$f(x)=x+2a=x-1$.

(2) 方程两边分别求对x的导数得

$$f'(x)=2f(x)$$

故$f(x)=\mathrm{e}^{2x}+C$.又将$x=0$带入原方程可得$f(0)=1$,故$C=0$.所以

$$f(x)=\mathrm{e}^{2x}.$$

例13 设函数$f(x)$在$[0,1]$上连续并且单调递减,设$0<\lambda<1$,证明

$$\int_0^\lambda f(x)\mathrm{d}x>\lambda\int_0^1 f(x)\mathrm{d}x.$$

证明 $\int_0^\lambda f(x)\mathrm{d}x-\lambda\int_0^1 f(x)\mathrm{d}x=\int_0^\lambda f(x)\mathrm{d}x-\lambda\int_0^\lambda f(x)\mathrm{d}x-\lambda\int_\lambda^1 f(x)\mathrm{d}x$

$$=(1-\lambda)\int_0^\lambda f(x)\mathrm{d}x-\lambda\int_\lambda^1 f(x)\mathrm{d}x,$$

由于$f(x)$在$[0,1]$上连续,由积分中值定理

$$\int_0^\lambda f(x)\mathrm{d}x=\lambda f(\xi_1),\xi_1\in(0,\lambda),\int_\lambda^1 f(x)\mathrm{d}x=(1-\lambda)f(\xi_2),\xi_2\in(\lambda,1)$$

则

$$(1-\lambda)\int_0^\lambda f(x)\mathrm{d}x-\lambda\int_\lambda^1 f(x)\mathrm{d}x=\lambda(1-\lambda)[f(\xi_1)-f(\xi_2)].$$

又$f(x)$在$[0,1]$上单调递减,而$\xi_1<\xi_2$,故$f(\xi_1)>f(\xi_2)$,则当$0<\lambda<1$时,

$$\int_0^\lambda f(x)\mathrm{d}x-\lambda\int_0^1 f(x)\mathrm{d}x=\lambda(1-\lambda)[f(\xi_1)-f(\xi_2)]>0$$

即$\int_0^\lambda f(x)\mathrm{d}x>\lambda\int_0^1 f(x)\mathrm{d}x$.

第三节　应用案例

本节是学生自学内容. 我们现在研究下面的一个积分计算问题.

问题提出：怎样计算定积分 $\int_0^1 e^{-x^2}\,dx$?

方法分析：由于 e^{-x^2} 不存在初等原函数，即无论是用换元或者分部积分方法都不可能求出其原函数，直接积分方法无法奏效. 对此我们可以借助于数值积分方法求出其结果. 这种积分的数值计算其意义是很大的，例如在概率统计中的正态分布表，就是这样去实现的.

求解计算：**解法一**：由定积分和式，因为

$$\int_0^1 f(x)\,dx = \lim_{\lambda\to 0}\sum_{i=1}^{n} f(\xi_i)\Delta x_i$$

和式中若取 $\Delta x_i = \frac{1}{n}$，$\xi_i = \frac{i}{n}$（或 $\xi_i = \frac{i-1}{n}$），即可化为得

$$\lim_{n\to\infty}\frac{1}{n}\sum_{i=1}^{n} f\left(\frac{i}{n}\right) = \int_0^1 f(x)\,dx \text{ 或 } \lim_{n\to\infty}\frac{1}{n}\sum_{i=1}^{n} f\left(\frac{i-1}{n}\right) = \int_0^1 f(x)\,dx$$

去掉极限运算，则可得

$$\int_0^1 f(x)\,dx \approx \frac{1}{n}\sum_{i=1}^{n} f\left(\frac{i}{n}\right) \qquad \text{——（右矩形公式）}$$

$$\int_0^1 f(x)\,dx \approx \frac{1}{n}\sum_{i=1}^{n} f\left(\frac{i-1}{n}\right) \qquad \text{——（左矩形公式）}$$

我们分别取 $n = 5, 10, 20, 40, 80, 160, 320, 640, 1\,280, 2\,560$，编写数值计算程序，在表 1 中给出以上两个矩形公式的近似计算结果.

表 1　矩形公式计算近似结果

n	右矩形公式	左矩形公式
5	0.681 156 283 880 811	0.807 580 395 646 523
10	0.714 604 768 190 321	0.777 816 824 073 177
20	0.730 867 822 969 160	0.762 473 850 910 587
40	0.738 884 304 253 623	0.754 687 318 224 336
80	0.742 863 799 076 071	0.750 765 306 061 428
160	0.744 846 361 014 524	0.748 797 114 507 203
320	0.745 835 845 676 951	0.747 811 222 423 290

续表

n	右矩形公式	左矩形公式
640	0.746 330 138 935 303	0.747 317 827 308 472
1 280	0.746 577 173 296 501	0.747 071 017 483 086
2 560	0.746 700 662 410 122	0.746 947 584 503 415

从表中结果可见随着 n 的增大,所需要计算的节点数越多,所得的数值积分值越接近真实积分值.由于被积函数 e^{-x^2} 在 $[0,1]$ 上是单调递减的,左矩形积分公式的计算结果要比右矩形计算公式的计算结果大一些.当然,我们可以取二者的平均值作为近似积分值.所以当 $n=2\,560$ 时,得到

$$\int_0^1 e^{-x^2}\,dx \approx 0.746\,8 \quad (\text{保留 4 位小数}).$$

可以看到要得到相当好的近似值,这两个数值(左矩形、右矩形)积分公式需要计算很多点上的函数值,其数值效果并不太好.虽然有计算机帮助计算,但是计算复杂性也是应该考虑的一个方面.于是可以选择精度较高的数值积分公式,如复化辛卜生公式、龙贝格积分等,有兴趣的同学可以参考“数值分析”等教材(例如王能超等编《数值分析》,华中理工大学出版社).

解法二: 如果我们学过了概率统计课程,我们也可以“反用”正态分布表.由正态分布函数,可知 $\int_{-\infty}^{t}\frac{1}{\sqrt{2\pi}}e^{-\frac{x^2}{2}}\,dx=\Phi(t)$,作变换 $x=\frac{u}{\sqrt{2}}$ 并利用积分可加性知

$$\int_0^1 e^{-x^2}\,dx=\int_0^{\sqrt{2}}\frac{1}{\sqrt{2}}e^{-\frac{u^2}{2}}\,du=\sqrt{\pi}\int_0^{\sqrt{2}}\frac{1}{\sqrt{2\pi}}e^{-\frac{u^2}{2}}\,du=\sqrt{\pi}(\Phi(\sqrt{2})-\Phi(0)),$$

查正态分布表,得 $\Phi(\sqrt{2})\approx\Phi(1.414)\approx 0.921\,5$,$\Phi(0)=0.5$,则

$$\int_0^1 e^{-x^2}\,dx=0.421\,2\sqrt{\pi}\approx 0.746\,7$$

由解法二可见,查表求解此定积分十分方便.正态分布表现在都是已经做好的,数据非常完整和严密.当然正态分布表是本身也正是通过数值积分方法给出的.这同时也就说明了积分的数值计算这个问题它的实际意义.

下面我们再给出在大学物理课程中碰到过的一个实验案例:为了研究某飞行物体的速度的变化,已经通过传感器等技术手段测得飞行物的速度,例如从 $t=0$ 时刻起,每间隔 0.02 分钟测量一次飞行物的速度,直至 $t=3$ 分钟时结束.得到以下的速度测量值表(时间单位为分钟)

测量时间	速度值	测量时间	速度值
0	5.000 0	0.12	4.534 4
0.02	4.920 4	……	……
0.04	4.841 6	2.94	1.883 6
0.06	4.763 6	2.96	1.921 6
0.08	4.686 4	2.98	1.960 4
0.10	4.610 0	3.00	2.000 0

那么怎样计算飞行物在该时间段内飞行的路程呢?

对此,你应该已经有了解决问题的思路与方法了吧?当然.从数学上来说,该问题的解决方案并不是唯一的.

第四节 练习题

5－1 定积分的概念与性质

1. 利用定积分定义计算 $\int_0^2 x\mathrm{d}x$.

2. 利用定积分的几何意义，证明下列等式：

(1) $\int_0^1 2x\mathrm{d}x = 1$； (2) $\int_0^1 \sqrt{1-x^2}\mathrm{d}x = \frac{\pi}{4}$.

3*. 设 $f(x)$ 在 $[a,b]$ 上连续，证明：若在 $[a,b]$ 上，$f(x) \geqslant 0$，且 $\int_a^b f(x)\mathrm{d}x = 0$，则在 $[a,b]$ 上 $f(x) = 0$.

4. 比较下列各对积分的大小：

(1) $\int_0^1 x\mathrm{d}x$ 和 $\int_0^1 x^2\mathrm{d}x$；　　(2) $\int_1^{\mathrm{e}} \ln x\mathrm{d}x$ 和 $\int_1^{\mathrm{e}} \ln^2 x\mathrm{d}x$.

5. 证明下列不等式：

(1) $\frac{\pi}{2} < \int_0^{\frac{\pi}{2}} \mathrm{e}^{\sin x}\mathrm{d}x < \frac{\pi}{2}\mathrm{e}$；　　(2) $\frac{\pi}{21} < \int_{\frac{\pi}{4}}^{\frac{\pi}{3}} \frac{1}{1+\sin^2 x}\mathrm{d}x < \frac{\pi}{18}$.

6. 求下列极限：

(1) $\lim\limits_{n\to\infty} \frac{1}{n}\sum\limits_{i=1}^{n} \sqrt{1+\frac{i}{n}}$；　　(2) $\lim\limits_{x\to+\infty} \frac{\int_0^x (\arctan t)^2\mathrm{d}t}{\sqrt{x^2+1}}$.

5 - 2　微积分基本公式

1. 设 $f(x)=\begin{cases}\frac{1}{2}\sin x, 0\leqslant x\leqslant \pi, \\ 0, x<0 \text{ 或 } x>\pi,\end{cases}$ 求 $\Phi(x)=\int_0^x f(t)\mathrm{d}t$ 在 $(-\infty, +\infty)$ 内的表达式.

2. 求下列各导数：

(1) $\frac{\mathrm{d}}{\mathrm{d}x}\int_0^x \sqrt{1+2t}\,\mathrm{d}t$；

(2) $\frac{\mathrm{d}}{\mathrm{d}x}\int_x^2 \cos t^2\,\mathrm{d}t$；

(3) $\frac{\mathrm{d}}{\mathrm{d}x}\int_0^{x^2} \sqrt{1+t^2}\,\mathrm{d}t$；

(4) $\frac{\mathrm{d}}{\mathrm{d}x}\int_{x^2}^{x^3} \frac{1}{\sqrt{1+t^4}}\mathrm{d}t$.

3. 求下列定积分：

(1) $\int_1^2\left(x^2+\frac{1}{x^2}\right)\mathrm{d}x$；

(2) $\int_4^9\sqrt{x}(1+\sqrt{x})\mathrm{d}x$；

(3) $\int_0^{\sqrt{3}}\frac{1}{1+x^2}\mathrm{d}x$；

(4) $\int_0^{\frac{\pi}{4}}\tan^2\theta\mathrm{d}\theta$；

(5) $\int_0^1\frac{1}{\sqrt{1-x^2}}\mathrm{d}x$；

(6) $\int_0^{2\pi}|\sin x|\mathrm{d}x$.

4. 求下列极限：

(1) $\lim\limits_{x\to 0}\dfrac{\int_0^x \cos t^2 \mathrm{d}x}{x}$；　　(2) $\lim\limits_{x\to 0}\dfrac{\left(\int_0^x \mathrm{e}^{t^2}\mathrm{d}t\right)^2}{\int_0^x t\mathrm{e}^{2t^2}\mathrm{d}t}$.

5. 设 $f(x)$ 在 $[a,b]$ 上连续，在 (a,b) 内可导且 $f'(x)\leqslant 0$，$F(x)=\dfrac{1}{x-a}\int_a^x f(t)\mathrm{d}t$. 证明：在 (a,b) 内有 $F'(x)\leqslant 0$.

6. 设 $f(x)$ 在 $[a,b]$ 上连续,且 $f(x)>0$,$F(x)=\int_a^x f(t)\mathrm{d}t+\int_b^x \frac{\mathrm{d}t}{f(t)}$.

证明:(1) $F'(x)\geqslant 2$;

(2) 方程 $F(x)=0$ 在区间 (a,b) 内有且仅有一个根.

5-3 定积分的换元法和分部积分法

1. 计算下列定积分：

(1) $\int_{-2}^{1} \frac{1}{(11+5x)^3} \mathrm{d}x$；

(2) $\int_{0}^{\frac{\pi}{2}} \sin x \cos^3 x \mathrm{d}x$；

(3) $\int_{1}^{\mathrm{e}^2} \frac{1}{x\sqrt{1+\ln x}} \mathrm{d}x$；

(4) $\int_{0}^{1} t\mathrm{e}^{-\frac{t^2}{2}} \mathrm{d}t$；

(5) $\int_{-2}^{0} \frac{1}{x^2+2x+2} \mathrm{d}x$；

(6) $\int_{-\frac{\pi}{2}}^{\frac{\pi}{2}} \sqrt{\cos x - \cos^3 x} \mathrm{d}x$；

(7) $\int_{0}^{\sqrt{2}} \sqrt{2-x^2}\,\mathrm{d}x$；

(8) $\int_{\frac{1}{\sqrt{2}}}^{1} \dfrac{\sqrt{1-x^2}}{x^2}\,\mathrm{d}x$；

(9) $\int_{1}^{4} \dfrac{1}{1+\sqrt{x}}\,\mathrm{d}x$；

(10) $\int_{\frac{3}{4}}^{1} \dfrac{1}{\sqrt{1-x}-1}\,\mathrm{d}x$.

2. 利用函数的奇偶性计算下列积分：

(1) $\int_{-\pi}^{\pi} x^4 \sin x\,\mathrm{d}x$；

(2) $\int_{-\frac{1}{2}}^{\frac{1}{2}} \dfrac{(\arcsin x)^2}{\sqrt{1-x^2}}\,\mathrm{d}x$.

3. 证明：(1) 若 $f(t)$ 是连续函数且为奇函数，则 $\int_0^x f(t)\mathrm{d}t$ 是偶函数；

(2) 若 $f(t)$ 是连续函数且为偶函数，则 $\int_0^x f(t)\mathrm{d}t$ 是奇函数.

4. 计算下列定积分：

(1) $\int_0^1 x\mathrm{e}^{-x}\mathrm{d}x$；

(2) $\int_1^{\mathrm{e}} x\ln x\mathrm{d}x$；

(3) $\int_0^1 x\arctan x\mathrm{d}x$；

(4) $\int_{\frac{1}{\mathrm{e}}}^{\mathrm{e}} |\ln x|\mathrm{d}x$；

(5) $\int_0^{\frac{\pi}{2}} \frac{x+\sin x}{1+\cos x}\mathrm{d}x$；　　(6) $\int_0^{a} \frac{\mathrm{d}x}{x+\sqrt{a^2-x^2}}$.

5. 证明：$\frac{1}{2} \leqslant \int_{\frac{\pi}{4}}^{\frac{\pi}{2}} \frac{\sin x}{x}\mathrm{d}x \leqslant \frac{\sqrt{2}}{2}$.

6. 设 $f(x),g(x)$ 在区间 $[a,b]$ 上连续,试证明 Cauchy—Schwarz 积分不等式:

$$\left[\int_a^b f(x)g(x)\mathrm{d}x\right]^2 \leqslant \int_a^b f^2(x)\mathrm{d}x \cdot \int_a^b g^2(x)\mathrm{d}x$$

(证明提示:构造参数 t 的函数 $\varphi(t)=[f(x)+t\cdot g(x)]^2(\geqslant 0)$,$t\in\mathbf{R}$,对变量 x 在 $[a,b]$ 上积分,并利用判别式.)

7. 设 $0 \leqslant x \leqslant \frac{\pi}{2}$，证明：$\int_0^{\sin^2 x} \arcsin\sqrt{t}\,\mathrm{d}t + \int_0^{\cos^2 x} \arccos\sqrt{t}\,\mathrm{d}t = \frac{\pi}{4}$.

第五节 自测题

一、填空题(每题 3 分,共 15 分)

1. $\int_0^2 \sqrt{4-x^2}\,dx=$ ____________.

2. 设 $f(x)$ 连续,则 $\lim\limits_{x\to a}\dfrac{x}{x-a}\int_a^x f(t)\,dt=$ ____________.

3. 设 $F(x)=\int_0^x te^{-t^3}\,dt$, 则 $F'(x)=$ ____________.

4. $\int_{-2}^1 |x^3|\,dx=$ ____________.

5. $\int_{-1}^1 \dfrac{2x^2+x\cos x}{1+\sqrt{1-x^2}}\,dx=$ ____________.

二、选择题(每题 3 分,共 15 分)

1. 设在 $[a,b]$ 上 $f(x)>0, f'(x)<0, f''(x)>0$, 令 $S_1=\int_a^b f(x)\,dx, S_2=f(b)(b-a), S_3=\dfrac{1}{2}[f(b)+f(a)](b-a)$, 则 ( )

A. $S_1<S_2<S_3$　　B. $S_2<S_1<S_3$

C. $S_3<S_1<S_2$　　D. $S_2<S_3<S_1$

2. 已知 $f(x)$ 为周期为 a 函数,令 $F(x)=\int_x^{x+a} f(t)\,dt$, 则 $F(x)$ ( )

A. 为正常数　　B. 为负常数

C. 为常数　　D. 不是常数

3. 已知 $f(x)=\begin{cases}x^2, 0\leqslant x<1\\ 1, 1\leqslant x\leqslant 2\end{cases}$, 设 $F(x)=\int_1^x f(t)\,dt\,(0\leqslant x\leqslant 2)$, 则 $F(x)=$ ( )

A. $\begin{cases}\dfrac{1}{3}x^3, 0\leqslant x<1\\ x, 1\leqslant x\leqslant 2\end{cases}$　　B. $\begin{cases}\dfrac{1}{3}x^3-\dfrac{1}{3}, 0\leqslant x<1\\ x, 1\leqslant x\leqslant 2\end{cases}$

C. $\begin{cases}\dfrac{1}{3}x^3, 0\leqslant x<1\\ x-1, 1\leqslant x\leqslant 2\end{cases}$　　D. $\begin{cases}\dfrac{1}{3}x^3-\dfrac{1}{3}, 0\leqslant x<1\\ x-1, 1\leqslant x\leqslant 2\end{cases}$

4. 若 $\int_0^1 [f(x)+f'(x)]e^x\,dx=1, f(1)=0$, 则 $f(0)=$ ( )

A. 1　　B. 0　　C. -1　　D. 2

5. 已知 $\int_0^x f(t)\,dt=\dfrac{x^4}{2}$, 则 $\int_0^4 \dfrac{1}{\sqrt{x}}f(\sqrt{x})\,dx=$ ( )

A. 16　　B. 8　　C. 4　　D. 2

三、计算下列极限(每题 6 分,共 12 分)

1. $\lim\limits_{x\to 0}\dfrac{\int_0^x \ln(1+2t^2)\mathrm{d}t}{x^3}$.

2. $\lim\limits_{x\to 0}\dfrac{\int_0^{\sin 2x}\ln(1+t)}{1-\cos x}$.

四、计算下列积分(每题 6 分,共 36 分)

1. $\int_{-1}^{1}(x-\sqrt{1-x^2})^2\mathrm{d}x$.

2. $\int_0^{\pi}\sqrt{\sin^3 x-\sin^5 x}\mathrm{d}x$.

3. $\int_0^{\frac{\pi}{2}}\cos^4 x\sin x\mathrm{d}x$.

4. $\int_0^1\dfrac{\mathrm{e}^{-x}}{\sqrt{1-\mathrm{e}^{-x}}}\mathrm{d}x$.

5. $\int_{1}^{4} \frac{\ln x}{\sqrt{x}} \mathrm{d}x$.

6. $\int_{0}^{\frac{\pi}{2}} \sqrt{1-\sin 2x} \mathrm{d}x$.

五、(8 分)设正值函数 $f(x)$ 在 $[1,+\infty)$ 上连续,求 $F(x)=\int_{1}^{x}\left[\left(\frac{2}{x}+\ln x\right)-\left(\frac{2}{t}+\ln t\right)\right] f(t) \mathrm{d}t$ 的最小值点.

六、(8 分)设 $f(x)=\begin{cases}\dfrac{1}{1+x}, x\geqslant 0,\\ \dfrac{1}{1+e^{x}}, x<0.\end{cases}$ 求 $\int_0^2 f(x-1)\,dx$.

七、(6 分)设 $f(x)$ 为连续函数,证明:$\int_0^x f(t)(x-t)\,dt=\int_0^x\left(\int_0^t f(u)\,du\right)dt$.

第六节　练习题与自测题答案

练习题答案

5 - 1

1. 2.
2. 略.
3. 略.
4. (1) $>$;(2) $>$.
5. 略.
6. (1) $\frac{2}{3}(2\sqrt{2}-1)$；　(2) $\frac{\pi^2}{4}$.

5 - 2

1. $\Phi(x)=\begin{cases}0, x<0\\ \frac{1}{2}(1-\cos x), 0\leqslant x\leqslant \pi.\\ 1, x>\pi\end{cases}$

2. (1) $\sqrt{1+2x}$；　(2) $-\cos(x^2)$；　(3) $2x\sqrt{1+x^4}$；　(4) $\frac{3x^2}{\sqrt{1+x^{12}}}-\frac{2x}{\sqrt{1+x^8}}$.

3. (1) $\frac{17}{6}$；　(2) $45\frac{1}{6}$；　(3) $\frac{\pi}{3}$；　(4) $1-\frac{\pi}{4}$；　(5) $\frac{\pi}{2}$；　(6) 4.

4. (1) 1；　(2) 2.
5. 略.
6. 略.

5 - 3

1. (1) $\frac{51}{512}$；　(2) $\frac{1}{4}$；　(3) $2(\sqrt{3}-1)$；(4) $1-e^{-\frac{1}{2}}$；　(5) $\frac{\pi}{2}$；　(6) $\frac{4}{3}$；　(7) $\frac{\pi}{2}$；

   (8) $1-\frac{\pi}{4}$；　(9) $2+2\ln\frac{2}{3}$；　(10) $1-2\ln 2$.

2. (1) 0；　(2) $\frac{\pi^3}{324}$.

3. 略.

4. (1) $1-2e^{-1}$；　(2) $\frac{1}{4}(e^2+1)$；　(3) $\frac{\pi}{4}-\frac{1}{2}$；　(4) $2(1-e^{-1})$；　(5) $\frac{\pi}{2}$；
(6) $\frac{\pi}{4}$.

5. 略.　6. 略.　7. 略.

自测题答案

一、1. π　2. $af(a)$　3. xe^{-x^3}　4. $\frac{17}{4}$　5. $4-\pi$

二、1. B　2. C　3. D　4. C　5. A

三、1. $\frac{2}{3}$.　2. 4.

四、1. 2.　2. $\frac{4}{5}$.　3. $\frac{1}{5}$.　4. $2\sqrt{1-e^{-1}}$.　5. $4(2\ln 2-1)$.　6. $2\sqrt{2}-1$.

五、最小值点为 $x=2$.

六、$1+\ln(1+e^{-1})$.

七、略.

第六章　定积分应用

第一节　内容提要

一、微元分析法

微元分析方法是应用定积分方法解决实际问题的基本方法. 微元分析法思想在物理学、力学设计等领域应用很普遍. 不用微元分析法，实际问题求解思想与过程的表述就会变得复杂而且困难.

什么叫微元分析法？就曲边梯形的面积求解过程，我们来说明这一点：

为了求该曲边梯形的面积，用定积分的分割、近似代替、求和、取极限的一套程式，说法过于繁琐而复杂. 现在我们过 x 点做一条竖线，再给 x 以改变量 Δx，则两条平行线之间夹了一个面积微块，也叫面积微元，其(近似)值为

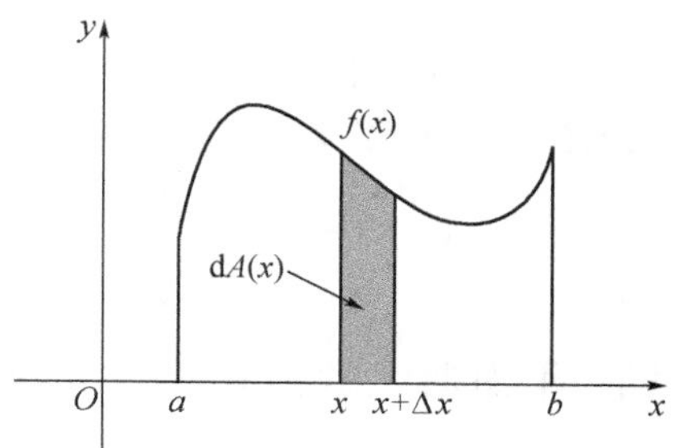

$$\mathrm{d}A = f(x)\mathrm{d}x$$

整个面积就是 $[a,b]$ 上所有形如这样的微元面积的累加. 而且这种累加要经过一个取极限的过程，因而就是一个定积分. 于是面积

$$A = \int_a^b \mathrm{d}A = \int_a^b f(x)\mathrm{d}x$$

这种直接从微元到面积，简化了的问题分析过程就是微元分析法.

当然在不同的实际问题背景之下，微元的构造方式与微元分析的具体思想是有所差异，甚至说是各不相同的. 学习定积分的应用，应该更加注重去体会和掌握在不同实际背景下所采用的微元分析方法.

二、平面图形面积

1. 直角坐标：曲线 $y = f_1(x)$，$y = f_2(x)$ 与直线 $x = a$，$x = b$ 围成平面图形的面积

$$S = \int_a^b [f_2(x) - f_1(x)]\mathrm{d}x, (a < b, f_1(x) < f_2(x)).$$

曲线 $x = \varphi_1(y)$，$x = \varphi_2(y)$ 与直线 $y = c$，$y = \mathrm{d}$ 围成的平面图形的面积

$$S = \int_c^d [\varphi_2(y) - \varphi_1(y)]\mathrm{d}y, (c < \mathrm{d}, \varphi_1(y) < \varphi_2(y)).$$

2. 极坐标:曲线方程 $\rho=\rho(\theta)$,$(\alpha\leqslant\theta\leqslant\beta)$,则曲边扇形的面积为:

$$S=\frac{1}{2}\int_{\alpha}^{\beta}\rho^{2}(\theta)\mathrm{d}\theta.$$

三、体积

1. 平行截面面积已知的立体体积:设一立体,介于过点 $x=a$ 和 $x=b(a<b)$ 且垂直于 x 轴的两平行平面之间,若过点 $x(a\leqslant x\leqslant b)$ 且垂直于 x 轴的平面截此立体,所得截面的面积为 $A(x)$,则此立体体积为

$$V=\int_{a}^{b}A(x)\mathrm{d}x.$$

2. 旋转体体积:由 $y=0,y=f(x),x=a,x=b$ 所围平面图形,绕 x 轴旋转一周所生成的立体体积为

$$V_x=\pi\int_{a}^{b}f^{2}(x)\mathrm{d}x.$$

3. 旋转体体积:由 $y=0,y=f(x)\geqslant 0,x=a,x=b$ 所围平面图形,绕 y 轴旋转一周所生成的立体体积为

$$V_y=2\pi\int_{a}^{b}xf(x)\mathrm{d}x.$$

四、平面曲线的弧长

1. 直角坐标:设平面曲线弧由 $y=f(x)$,$(a\leqslant x\leqslant b)$ 给出,则曲线弧长为

$$s=\int_{a}^{b}\sqrt{1+[f'(x)]^{2}}\mathrm{d}x.$$

2. 参数方程:设平面曲线弧由 $\begin{cases}x=\varphi(t)\\y=\psi(t)\end{cases}$,$(\alpha\leqslant x\leqslant\beta)$ 给出,则曲线弧长为

$$s=\int_{\alpha}^{\beta}\sqrt{[\varphi'(t)]^{2}+[\psi'(t)]^{2}}\mathrm{d}t.$$

3. 极坐标:设平面曲线弧由 $\rho=\rho(\theta)$,$(\alpha\leqslant\theta\leqslant\beta)$ 给出,则曲线弧长为

$$s=\int_{\alpha}^{\beta}\sqrt{\rho^{2}(\theta)+[\rho'(\theta)]^{2}}\mathrm{d}\theta.$$

五、定积分的物理应用

变力沿直线做功、水压力、引力等问题,都可以采用适当的微元分析法来分析、求解.

第二节　典型例题分析与求解

一、面积

例 1　求曲线 $y=\frac{1}{x}$ 与直线 $y=x,x=2$ 围成的图形的面积.

解　曲线 $y=\frac{1}{x}$ 与直线 $y=x$ 的交点$(1,1)$,$x=2$ 与 $y=x$ 的交点为$(2,2)$,$x=2$ 与 $y=\frac{1}{x}$ 的交点为$\left(2,\frac{1}{2}\right)$,取 x 为积分变量,面积元素为 $\mathrm{d}A=\left(x-\frac{1}{x}\right)\mathrm{d}x$, 所求面积为

$$A=\int_{1}^{2}\left(x-\frac{1}{x}\right)\mathrm{d}x=\left[\frac{1}{2}x^{2}-\ln x\right]_{1}^{2}=\frac{3}{2}-\ln 2.$$

例 2　求抛物线 $y=-x^{2}+4x-3$ 及其在点$(0,-3)$和点$(3,0)$处切线所围成的图形的面积.

解　先求 $y=-x^{2}+4x-3$ 在点$(0,-3)$和点$(3,0)$处的切线方程

$$y'=-2x+4,y'(0)=4,y'(3)=-2$$

抛物线在点$(0,-3)$处的切线方程 $y=4x-3$, 抛物线在点$(3,0)$处的切线方程 $y=-2x+6$, 两切线的交点为$\left(\frac{3}{2},3\right)$. 取 x 为积分变量,当 $x\in\left[0,\frac{3}{2}\right]$时,面积元素为 $\mathrm{d}A=[(4x-3)-(-x^{2}+4x-3)]\mathrm{d}x$, 相应部分的面积为

$$A_{1}=\int_{0}^{\frac{3}{2}}[(4x-3)-(-x^{2}+4x-3)]\mathrm{d}x=\frac{9}{8},$$

当 $x\in\left(\frac{3}{2},3\right)$时,面积元素为 $\mathrm{d}A=[(-2x+6)-(-x^{2}+4x-3)]\mathrm{d}x$, 相应部分的面积为

$$A_{2}=\int_{0}^{\frac{3}{2}}[(-2x+6)-(-x^{2}+4x-3)]\mathrm{d}x=\frac{9}{8},$$

因此所求面积为 $A=A_{1}+A_{2}=\frac{9}{8}+\frac{9}{8}=\frac{9}{4}$.

例 3　求曲线 $y=\sqrt{x}$ 的一条切线 L,使该曲线与切线 L 及直线 $x=0$、$x=2$ 所围成的平面图形的面积最小.

解　设曲线 $y=\sqrt{x}$ 上任一点为 $M(t,\sqrt{t})$,则过点 M 的切线为

$$y-\sqrt{t}=\frac{1}{2\sqrt{t}}(x-t),\text{即 } y=\frac{x+t}{2\sqrt{t}},$$

则切线 L 与曲线 $y=\sqrt{x}$ 及直线 $x=0$、$x=2$ 所围成的平面图形的面积

$$A=\int_0^2\left(\frac{x+t}{2\sqrt{t}}-\sqrt{x}\right)\mathrm{d}x=\frac{1}{\sqrt{t}}+\sqrt{t}-\frac{4\sqrt{2}}{3},$$

对 t 求导，得 $A'(t)=-\frac{1}{2t\sqrt{t}}+\frac{1}{2\sqrt{t}}=\frac{t-1}{2t\sqrt{t}}$，令 $A'(t)=0$，得 $t=1$. 所以当 $t=1$，即 M 点为 $(1,1)$ 时，所围平面图形的面积最小，切线方程为 $y=\frac{1}{2}x+\frac{1}{2}$.

例 4　求曲线 $r=3\cos\theta$ 和 $r=1+\cos\theta$ 所围图形的公共部分的面积.

解　由于图形关于极轴对称，只要求出上半部分的面积即可. 先求出两曲线在上半部分的交点的 θ 坐标. 解方程 $\begin{cases}r=3\cos\theta\\ r=1+\cos\theta\end{cases}$ 得 $\cos\theta=\frac{1}{2}$，$\theta=\frac{\pi}{3}$，故所求面积为

$$\begin{aligned}A&=2\left[\frac{1}{2}\int_0^{\frac{\pi}{3}}(1+\cos\theta)^2\mathrm{d}\theta+\frac{1}{2}\int_{\frac{\pi}{3}}^{\frac{\pi}{2}}(3\cos\theta)^2\mathrm{d}\theta\right]\\&=\int_0^{\frac{\pi}{3}}(1+2\cos\theta+\cos^2\theta)\mathrm{d}\theta+\int_{\frac{\pi}{3}}^{\frac{\pi}{2}}9\cos^2\theta\mathrm{d}\theta\\&=\int_0^{\frac{\pi}{3}}\left(1+2\cos\theta+\frac{1+\cos2\theta}{2}\right)\mathrm{d}\theta+9\int_{\frac{\pi}{3}}^{\frac{\pi}{2}}\frac{1+\cos2\theta}{2}\mathrm{d}\theta\\&=\left[\frac{3}{2}\theta+2\sin\theta+\frac{\sin2\theta}{4}\right]_0^{\frac{\pi}{3}}+\frac{9}{2}\left[\theta+\frac{\sin2\theta}{2}\right]_{\frac{\pi}{3}}^{\frac{\pi}{2}}\\&=\frac{5}{4}\pi.\end{aligned}$$

例 5　求星形线 $x^{\frac{2}{3}}+y^{\frac{2}{3}}=a^{\frac{2}{3}}\ (a>0)$ 所围图形的面积.

分析　此曲线虽然用直角坐标表示，但在直角坐标下计算面积时遇到的定积分很难计算. 在这种情况下，应考虑参数方程或极坐标来求解. 本题选用参数方程.

解　设星形线 $x^{\frac{2}{3}}+y^{\frac{2}{3}}=a^{\frac{2}{3}}\ (a>0)$ 的参数方程为

$$\begin{cases}x=a\cos^3t\\ y=a\sin^3t\end{cases},(0\leqslant t\leqslant2\pi),$$

由对称性可知，所围图形的面积为

$$\begin{aligned}A&=4\int_0^a y\mathrm{d}x=4\int_{\frac{\pi}{2}}^0 a\sin^3t\mathrm{d}(a\cos^3t)\\&=-12a^2\int_{\frac{\pi}{2}}^0\sin^4t\cos^2t\mathrm{d}t=12a^2\int_0^{\frac{\pi}{2}}\sin^4t(1-\sin^2t)\mathrm{d}t\\&=12a^2\left[\int_0^{\frac{\pi}{2}}\sin^4t\mathrm{d}t-\int_0^{\frac{\pi}{2}}\sin^6t\mathrm{d}t\right]\\&=\frac{3}{8}\pi a^2.\end{aligned}$$

二、体积

例 6　由曲线 $y=x^3$，直线 $x=2,y=0$ 所围成的图形绕 x 轴旋转，求所得到的旋转体的体积.

解　所得旋转体的体积

$$V=\int_0^2\pi(x^3)^2\mathrm{d}x=\pi\int_0^2 x^6\mathrm{d}x=\frac{128\pi}{7}.$$

例 7　设有曲线 $y=\sqrt{x-1}$，过原点做切线，求由此曲线、切线及 x 轴所围成平面图形绕 x 轴旋转，求所得到的旋转体的体积.

解　设切点为 $(x_0,\sqrt{x_0-1})$，则过原点的切线方程为 $y=\dfrac{1}{2\sqrt{x_0-1}}x$，再将点 $(x_0,\sqrt{x_0-1})$ 代入切线方程，解得 $x_0=2,y_0=\sqrt{x_0-1}=1$，则切线方程为 $y=\dfrac{1}{2}x$. 所得旋转体的体积

$$V=\pi\int_0^2\left(\frac{1}{2}x\right)^2\mathrm{d}x-\pi\int_1^2(\sqrt{x-1})^2\mathrm{d}x=\frac{\pi}{6}.$$

例 8　设抛物线 $y=ax^2+bx+c$ 过原点，当 $0\leqslant x\leqslant 1$ 时 $y\geqslant 0$，又已知该抛物线与 x 轴及直线 $x=1$ 所围成图形的面积为 $\dfrac{1}{3}$，试确定 a,b,c，使此图形绕 x 轴旋转一周所成的旋转体的体积最小.

解　抛物线过原点，则 $c=0$. 抛物线与 x 轴及直线 $x=1$ 所围成图形的面积为

$$A=\int_0^1(ax^2+bx)\mathrm{d}x=\frac{a}{3}+\frac{b}{2}=\frac{1}{3},$$

则得 $b=\dfrac{2}{3}(1-a)$. 旋转体的体积

$$V=\pi\int_0^1(ax^2+bx)^2\mathrm{d}x=\pi\left[\frac{1}{5}a^2+\frac{1}{3}a(1-a)+\frac{4}{27}(1-a)^2\right],$$

对 a 求导得，$V'(a)=\dfrac{4\pi}{135}\left(a+\dfrac{5}{4}\right)$，令 $V'(a)=0$，得 $a=-\dfrac{5}{4}$，此时 $a=\dfrac{3}{2}$. 所以当 $a=-\dfrac{5}{4}$，$a=\dfrac{3}{2}$ 时，旋转体的体积最小.

三、弧长

例 9　求曲线 $y=\ln(1-x^2)$ 上相应于 $0\leqslant x\leqslant\dfrac{1}{2}$ 的弧长.

解　求曲线上相应于 $0\leqslant x\leqslant\dfrac{1}{2}$ 的弧长

$$s=\int_0^{\frac{1}{2}}\sqrt{1+(y')^2}\mathrm{d}x=\int_0^{\frac{1}{2}}\sqrt{1+\left(\frac{-2x}{1-x^2}\right)^2}\mathrm{d}x=\int_0^{\frac{1}{2}}\frac{1+x^2}{1-x^2}\mathrm{d}x$$
$$=\int_0^{\frac{1}{2}}\left(\frac{1}{1+x}+\frac{1}{1-x}-1\right)\mathrm{d}x=\ln3-\frac{1}{2}.$$

例 10 求曲线 $y=\int_{-\sqrt{3}}^{x}\sqrt{3-t^2}$ 的全长.

解 要使 $\sqrt{3-t^2}$ 有意义,则 x 的取值范围为 $-\sqrt{3}\leqslant x\leqslant\sqrt{3}$,且 $y'=\sqrt{3-x^2}$,故所求曲线的全长

$$s=\int_{-\sqrt{3}}^{\sqrt{3}}\sqrt{1+(y')^2}\mathrm{d}x=\int_{-\sqrt{3}}^{\sqrt{3}}\sqrt{1+(\sqrt{3-x^2})^2}\mathrm{d}x=\int_{-\sqrt{3}}^{\sqrt{3}}\sqrt{4-x^2}\mathrm{d}x=\frac{4\pi}{3}+\sqrt{3}.$$

例 11 求星形线 $x^{\frac{2}{3}}+y^{\frac{2}{3}}=a^{\frac{2}{3}}(a>0)$ 的长度.

解 本题利用直角坐标会遇到积分困难,我们采用参数方程. 星形线 $x^{\frac{2}{3}}+y^{\frac{2}{3}}=a^{\frac{2}{3}}(a>0)$ 的参数方程为

$$\begin{cases}x=a\cos^3 t\\ y=a\sin^3 t\end{cases},(0\leqslant t\leqslant 2\pi),$$

由对称性知,所围曲线的长度为

$$s=4\int_0^{\frac{\pi}{2}}\sqrt{\left(\frac{\mathrm{d}x}{\mathrm{d}t}\right)^2+\left(\frac{\mathrm{d}y}{\mathrm{d}t}\right)^2}\mathrm{d}t$$
$$=4\int_0^{\frac{\pi}{2}}\sqrt{(-3a\cos^2 t\sin t)^2+(3a\sin^2 t\cos t)^2}\mathrm{d}t$$
$$=12a\int_0^{\frac{\pi}{2}}\sin t\cos t\mathrm{d}t=6a\left[\sin^2 t\right]_0^{\frac{\pi}{2}}=6a.$$

例 12 求曲线 $\rho=a\sin^3\frac{\theta}{3}$ 的全长.

解 由 $\sin^3\frac{\theta}{3}\geqslant 0$ 得,$0\leqslant\theta\leqslant 3\pi$. 因此,所求曲线的全长为

$$s=\int_0^{3\pi}\sqrt{\rho^2+(\rho')^2}\mathrm{d}\theta=\int_0^{3\pi}\sqrt{\left(a\sin^3\frac{\theta}{3}\right)^2+\left(a\sin^2\frac{\theta}{3}\cos\frac{\theta}{3}\right)^2}\mathrm{d}\theta$$
$$=\int_0^{3\pi}\sqrt{a^2\sin^6\frac{\theta}{3}+a^2\sin^4\frac{\theta}{3}\cos^2\frac{\theta}{3}}\mathrm{d}\theta=a\int_0^{3\pi}\sin^2\frac{\theta}{3}\mathrm{d}\theta$$
$$=a\int_0^{3\pi}\frac{1-\cos\frac{2}{3}\theta}{2}\mathrm{d}\theta=a\left[\frac{1}{2}\theta-\frac{3}{4}\sin\frac{2}{3}\theta\right]_0^{3\pi}$$
$$=\frac{3}{2}\pi a.$$

第三节 应用案例

本节是学生自学内容.

在中学物理学中,我们已经了解到第一、第二、第三宇宙速度等都是非常重要的物理概念. 所谓宇宙速度就是从地球表面发射飞行器,飞行器环绕地球、脱离地球和飞出太阳系所需要的最小速度,分别称为第一、第二、第三宇宙速度. 早期,人们在探索航天途径时,为了估计克服地球引力、太阳引力所需的最小能量,引入了三个宇宙速度的概念.

假设地球是一个圆环体,周围也没有大气,物体能环绕地球运动的最低的轨道就是半径与地球半径相同的圆轨道. 这时物体具有的速度是第一宇宙速度,约为 7.9 km/s.

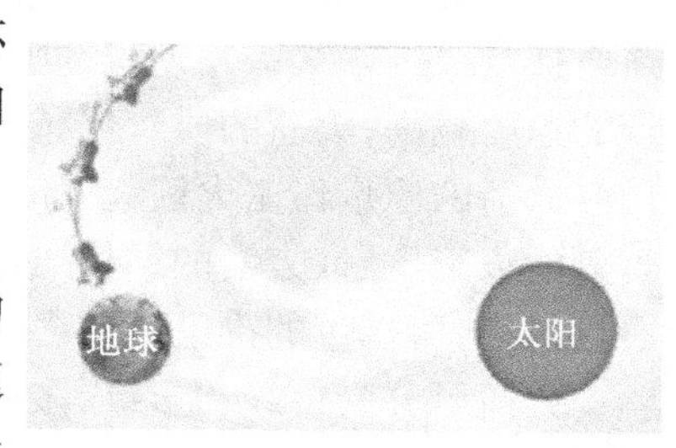

图 1 第二宇宙速度示意图

地球上的物体要脱离地球引力成为环绕太阳运动的人造行星,需要的最小速度是第二宇宙速度. 第二宇宙速度为 11.2 km/s,是第一宇宙速度的 $\sqrt{2}$ 倍. 地面物体获得这样的速度即能沿一条抛物线轨道脱离地球.

地球上物体飞出太阳系相对地心最小速度称为第三宇宙速度,它的大小为 16.6 km/s.

现在我们从数学应用的角度,具体而直观地再来探讨第二宇宙速度的计算问题.

问题提出:(第二宇宙速度问题)在地球表面上垂直发射火箭,要使火箭克服地球引力无限远离地球成为环绕太阳运动的人造行星,试问初速度 v_0 至少要有多大?(地球半径 $R = 6371$ km)

背景分析:设火箭的质量为 m, 地球的质量为 M. 火箭脱离地球表面所受的力为地球对火箭的引力 F, 设火箭距离地球表面为 x m, 则 $F = G\dfrac{mM}{x^2}$, 要将火箭发射到无限远离地球需要克服这个力做功. 由在地球表面上 $F=G\dfrac{mM}{R^2}=mg$ 可得卡文迪许常数与地球的质量的乘积,然后再利用能量守恒定律可以求得初速度 v_0.

问题求解:要使火箭克服地球引力无限远离地球,则需要克服地球引力做功. 地球引力所做的功为

$$\int_R^{+\infty} G\frac{mM}{x^2}\mathrm{d}x = GmM\left[-\frac{1}{x}\right]_R^{+\infty} = \frac{GmM}{R} \tag{6-1}$$

上面做功计算问题只是个简单的定积分应用问题. 由于在地球表面万有引力和重力相等得

$$G\frac{mM}{R^2} = mg \tag{6-2}$$

在火箭发射时，火箭只有动能无势能，故由能量守恒原理得

$$\frac{1}{2}mv_0^2=\frac{GmM}{R} \tag{6-3}$$

由(6.2)式，得到 $GM=gR^2$，代入(6.3)中，就有

$$v_0=\sqrt{2gR}$$

取 $g=9.81\,\mathrm{m/s^2}$，$R=6.371\times10^6\,\mathrm{m}$ 得 $v_0\approx11.2\,\mathrm{km/s}$. 由此我们获得了第二宇宙速度的大小.

理论应用：如何才能使运载火箭或航天飞机达到宇宙速度呢，理论和实践证明，火箭飞行速度决定于火箭发动机的喷气速度和火箭的质量比. 发动机的喷气速度越高，火箭飞行的速度越高；火箭的质量比越大，火箭飞行能达到的速度越高.

火箭的质量比是火箭起飞时的质量(包括推进剂在内的质量)与发动机相关机(熄火)时刻的火箭质量(火箭的结构质量，即净重)之比. 因此，质量比越大，就意味着火箭的结构质量越小，所携带的推进剂越多.

火箭可分为单级和多级，多级火箭又可分为串连、并连、串并连相结合，一般来说，火箭级数越多它的动能越大，但是理论计算和实践经验表明，每增加 1 份有效载荷，火箭需要增加 10 份以上的质量来承受，随着火箭级数的增加，使最下面的一级和随后的几级变得越来越庞大，以致无法起飞. 应用数学科学中的最优化方法等，已经研究得出结论：多级火箭通常不应超过 3 级.

第四节 练习题

6-1 定积分的几何应用

1. 求由下列各曲线所围成图形的面积.

(1) 抛物线 $y=\frac{1}{2}x^2$ 与圆 $x^2+y^2=8$（两部分面积都要计算）；

(2) 曲线 $y=\ln x$，y 轴与直线 $y=\ln a$，$y=\ln b(b>a>0)$；

(3) 曲线 $y=e^x$，与直线 $y=x$，$x=0$ 及 $x=1$；

(4) 抛物线 $y^2=2x$ 及直线 $y=x-4$.

2. 求由曲线 $\rho = 2a(2 + \cos\theta)$ 所围成图形的面积.

3. 求位于曲线 $y = \mathrm{e}^{x}$ 下方,该曲线过原点的切线的左方以及 x 轴上方之间的图形的面积.

4. 由 $y=x^3$ 与直线 $y=0,x=2$ 所围成的图形,分别绕 x 轴及 y 轴旋转,计算所得两个旋转体的体积.

5. 求下列已知曲线所围成的图形,按指定的轴旋转所产生的旋转体的体积:

(1) $y=x^2,x=y^2$, 绕 y 轴;

(2) $x^2+(y-5)^2=16$, 绕 x 轴.

6. 计算底面是半径为 R 的圆,而垂直于底面上一条固定直径的所有截面都是等边三角形的立体的体积.

7. 证明:由平面图形 $0 \leqslant a \leqslant x \leqslant b, 0 \leqslant y \leqslant f(x)$ 绕 y 轴旋转所成的旋转体的体积为:

$$V = 2\pi \int_a^b x f(x) \mathrm{d}x.$$

8. 求摆线 $x=a(t-\sin t)$，$y=a(1-\cos t)$ 的一拱与 x 轴围成的图形绕 y 轴旋转一周所得的旋转体的体积.

9. 计算曲线 $y=\ln x$ 上相应于 $\sqrt{3}\leqslant x\leqslant\sqrt{8}$ 的一段弧的长度.

10. 计算心形线 $r = a(1+\cos\theta)$ 的全长.

11. 求曲线 $\begin{cases} x = a(\cos t + t\sin t) \\ y = a(\sin t - t\cos t) \end{cases}$ $(0 \leqslant t \leqslant \pi)$ 的弧长.

6-2* 定积分的物理应用

1*. 由实验知道,弹簧在拉伸过程中,需要的力 F (单位:N)与伸长量 s (单位:cm)成正比(即 $F = ks$, k 是比例常数). 如果把弹簧由原长拉伸 6 cm,计算所做的功.

2*. 一底为 8 cm,高为 6 cm 的等腰三角形片,铅直的沉没在水中,顶在上底在下且与水面平行,而顶离水面 3 cm,试求它每面所受的压力.

3*. 计算函数 $y = 2x\mathrm{e}^{-x}$ 在[0,2]上的平均值.

第五节 自测题

一、填空题(每题 3 分,共 15 分)

1. 由曲线 $y=\ln x$, $y=(e+1)-x$ 和 $y=0$ 所围成平面图形的面积为________.

2. 曲线 $r=2a\cos\theta$ 所围成的图形的面积为________.

3. 由曲线 $y=x$,直线 $x=1$ 和 $y=0$ 所围成的平面图形,绕 y 轴旋转一周所形成的旋转体的体积为________.

4. 曲线 $y=\cos x\left(-\frac{\pi}{2}\leqslant x\leqslant\frac{\pi}{2}\right)$ 与 x 轴所围成的平面图形,绕 x 轴旋转一周所形成的旋转体的体积为________.

5. 曲线 $y=e^x$ 与其过原点的切线与 y 轴所围成的图形面积为________.

二、选择题(每题 3 分,共 15 分)

1. 曲线 $y=\frac{1}{2}x^2$ 与 $x^2+y^2=8(y\geqslant 0)$ 所围成的区域面积 $S=$ ( )

A. $\int_{-2}^{2}\left(\sqrt{8-x^2}-\frac{1}{2}x^2\right)dx$　　B. $\int_{-2}^{2}\left(\frac{1}{2}x^2-\sqrt{8-x^2}\right)dx$

C. $\int_{-1}^{1}\left(\sqrt{8-x^2}-\frac{1}{2}x^2\right)dx$　　D. $\int_{-1}^{1}\left(\frac{1}{2}x^2-\sqrt{8-x^2}\right)dx$

2. 由曲线 $y=x(x-1)(2-x)$ 与 x 轴围成的平面图形的面积 $S=$ ( )

A. $\int_{0}^{1}x(x-1)(2-x)dx-\int_{1}^{2}x(x-1)(2-x)dx$

B. $-\int_{0}^{2}x(x-1)(2-x)dx$

C. $-\int_{0}^{1}x(x-1)(2-x)dx+\int_{1}^{2}x(x-1)(2-x)dx$

D. $\int_{0}^{2}x(x-1)(2-x)dx$

3. 曲线 $y=\sin^{\frac{3}{2}}x(0\leqslant x\leqslant\pi)$ 与 x 轴围成图形绕 x 轴旋转,所得旋转体体积 $V=$ ( )

A. $\frac{4}{3}\pi$　　B. $\frac{4}{3}$

C. $\frac{2}{3}\pi$　　D. $\frac{2}{3}$

4. 矩形闸门宽 a m,高 b m,垂直放入水中,上沿与水面相齐,水的密度为 ρ,则闸门上压力 $P=$ ( )

A. $\int_{0}^{a}\rho gah\,dh$　　B. $\int_{0}^{b}\rho gah\,dh$

C. $\int_{0}^{h}\frac{1}{2}\rho gah\,dh$　　D. $\int_{0}^{h}2\rho gah\,dh$

5. 已知 x 轴上有线密度为 1，长为 l 的细杆，一端在原点，另一端在 $-l$ 点，一质量为 m 的质点放在点 $a(a \geqslant 0)$，已知引力常数为 K，则质点和细杆间的引力大小为 $F=$ (　　)

A. $\int_{0}^{l} \frac{Km}{(a-x)^2} \mathrm{d}x$　　B. $\int_{-l}^{0} \frac{Km}{(a-x)^2} \mathrm{d}x$

C. $2\int_{-\frac{l}{2}}^{0} \frac{Km}{(a+x)^2} \mathrm{d}x$　　D. $2\int_{0}^{\frac{l}{2}} \frac{Km}{(a+x)^2} \mathrm{d}x$

三、(10 分)求抛物线 $y=x^2+2x$，直线 $x=1$ 与 x 轴所围成的图形的面积.

四、(10 分)求心形线 $\rho=a(1+\cos\theta)$ 所围图形的面积.

五、(10 分)过点 $P(1,0)$ 做抛物线 $y=\sqrt{x-2}$ 的切线,求该切线与抛物线及 x 轴围成图形绕 x 轴旋转所形成的旋转体的体积.

六、(10 分)设一半径为 1 m 的圆柱形油桶,平躺在深为 5 m 的湖水中,求其中一个底面承受水的总压力.

七、(15 分)求曲线 $y=\int_{-\frac{\pi}{2}}^{x}\sqrt{\cos t}\,\mathrm{d}t$ 的全长.

八、(15 分)设半径为 R 的半球形水池充满着水,将水从池中抽出,当抽出的水所做的功为将水全部抽光所作功的一半时,问水面下降的高度为多少?

第六节　练习题与自测题答案

练习题答案

6－1

1. (1) $2\pi+\frac{4}{3},6\pi-\frac{4}{3}$；　(2) $b-a$；　(3) $\mathrm{e}-\frac{3}{2}$；　(4) 18.

2. $18\pi a^2$；

3. $\frac{\mathrm{e}}{2}$；

4. $\frac{128}{7}\pi,\frac{64}{5}\pi$；

5. (1) $\frac{3}{10}\pi$；　(2) $160\pi^2$.

6. $\frac{4\sqrt{3}}{3}R^3$；

7. 略；

8. $6\pi^3a^3$.

9. $1+\frac{1}{2}\ln\frac{3}{2}$.

10. $8a$.

11. $\frac{a}{2}\pi^2$.

6－2

1. $0.18k$(J).

2. 1.65(N).

3. $1-3\mathrm{e}^{-2}$.

自测题答案

一、1. $\frac{3}{2}$　2. πa^2　3. $\frac{2}{3}\pi$　4. $\frac{1}{2}\pi^2$　5. $\frac{1}{2}\mathrm{e}-1$

二、1. A　2. C　3. A　4. B　5. B

三、$\frac{4}{3}$.

四、$\frac{3}{2}\pi a^2$.

五、$\frac{\pi}{6}$.

六、123.15(N).

七、4.

八、$\frac{\sqrt{4-2\sqrt{2}}}{2}R$.

第七章　微分方程

第一节　内容提要

一、微分方程有关概念

凡是含有未知函数的导数(或微分)的方程称为微分方程;如果微分方程中的未知函数是一元函数,则称为常微分方程;所含未知函数导数的最高阶数称为微分方程的阶.

使方程成为恒等式的函数称为微分方程的解;如果解中所含独立的任意常数的个数与方程的阶数相同,则称为通解;不含任意常数的解称为特解.

确定通解中任意常数的条件,称为初始条件. n 阶方程的初始条件(或初值条件)一般为:

$$y(x_0)=y_0,\ y'(x_0)=y'_0,\ \cdots,\ y^{(n-1)}(x_0)=y_0^{(n-1)}.$$

二、一阶微分方程

1. 可分离变量方程:若微分方程为 $\frac{\mathrm{d}y}{\mathrm{d}x}=f(x)g(y)$,其解法是先分离变量 $\frac{1}{g(y)}\mathrm{d}y=f(x)\mathrm{d}x$,然后两边积分得通解

$$\int\frac{\mathrm{d}y}{g(y)}=\int f(x)\mathrm{d}x$$

2. 齐次方程:微分方程为 $\frac{\mathrm{d}y}{\mathrm{d}x}=f\left(\frac{y}{x}\right)$,作变换 $u=\frac{y}{x}$,则 $\frac{\mathrm{d}y}{\mathrm{d}x}=u+x\frac{\mathrm{d}u}{\mathrm{d}x}$,代入可将原方程化为可分离变量方程 $x\frac{\mathrm{d}u}{\mathrm{d}x}=f(u)-u$,分离变量并求出积分

$$\int\frac{\mathrm{d}u}{f(u)-u}=\int\frac{\mathrm{d}x}{x}$$

3. 一阶线性方程:微分方程为

$$y'+P(x)y=Q(x)$$

且 $P(x)\neq 0$. 当 $Q(x)=0$,其通解为

$$y=C(x)\mathrm{e}^{-\int P(x)\mathrm{d}x}$$

当 $Q(x)\neq 0$,其通解为

$$y=\mathrm{e}^{-\int P(x)\mathrm{d}x}\left[\int Q(x)\mathrm{e}^{\int P(x)\mathrm{d}x}\mathrm{d}x+C\right]\text{(其中 }C\text{ 为任意常数)}$$

三、可降阶的高阶微分方程

1. $y^{(n)}=f(x)$ 型:经过 n 次积分,就可得到包含 n 个任意常数的通解.

2. $y''=f(x,y')$ 型:令 $y'=p(x)$,则 $y''=p'$,代入原方程化为一阶微分方程 $p'=f(x,p)$,如果能求出它的显式解 $p=\varphi(x,C_1)$,即得 $\frac{dy}{dx}=\varphi(x,C_1)$,分离变量再积分一次即得原方程的通解.

3. $y''=f(y,y')$:令 $y'=p(y)$,则 $y''=p\frac{dp}{dy}$,代入原方程化为一阶微分方程 $p\frac{dp}{dy}=f(y,p)$,如果能求出它的显式解 $p=\varphi(y,C_1)$,即得 $\frac{dp}{dy}=\varphi(y,C_1)$,分离变量并积分即得原方程的通解.

四、二阶线性微分方程

1. 二阶线性微分方程解的结构

(1) 设 $y_1(x)$ 与 $y_2(x)$ 是二阶齐次线性方程 $y''+p(x)y'+q(x)y=0$ 的两个线性无关的特解,则 $y=C_1y_1+C_2y_2$ 是它的通解,其中 C_1, C_2 是任意常数.

(2) 设 y^* 是非齐次线性方程 $y''+p(x)y'+q(x)y=f(x)$ 的一个特解,y_1, y_2 是对应的齐次线性方程的两个线性无关的特解,则非齐次方程的通解为 $y=C_1y_1+C_2y_2+y^*$.

2. 二阶常系数齐次线性方程:微分方程为

$$y''+py'+qy=0$$

其中 p, q 是常数.求微分方程通解的步骤:

(1) 写出对应的特征方程:$r^2+pr+q=0$,并求出特征根 r_1, r_2.

(2) 根据特征根情况写出通解:

(Ⅰ) 若 $r_1\neq r_2$,且为实根,则通解为 $y=C_1e^{r_1x}+C_2e^{r_2x}$;

(Ⅱ) 若 $r_1=r_2=r$,则通解为 $y=(C_1+C_2x)e^{rx}$;

(Ⅲ) 若 $r_{1,2}=\alpha\pm i\beta$ 是一对共轭复根,则通解为 $y=e^{\alpha x}(C_1\cos\beta x+C_2\sin\beta x)$.

3. 二阶常系数非齐次线性方程:微分方程为

$$y''+py'+qy=f(x)$$

其中 p,q 是常数.根据 $f(x)$ 的具体形式,确定微分方程的特解为:

(1) 当 $f(x)=e^{\lambda x}P_m(x)$,其中 λ 是常数,$P_m(x)$ 是 x 的 m 次多项式,则原方程具有形如 $y^*=x^ke^{\lambda x}Q_m(x)$ 的特解,其中 $Q_m(x)$ 是与 $P_m(x)$ 同次的待定系数多项式,而

$$k=\begin{cases}0, & \lambda \text{ 不是特征方程的根}\\ 1, & \lambda \text{ 是特征方程的单根}\\ 2, & \lambda \text{ 是特征方程的重根}\end{cases}$$

(2) 当 $f(x)=e^{\lambda x}[P_l(x)\cos\omega x+P_n(x)\sin\omega x]$,则原方程具有形如

$$y^*=x^ke^{\lambda x}[R_m^{(1)}(x)\cos\omega x+R_m^{(2)}(x)\sin\omega x]$$

的特解,其中 $R_m^{(1)}(x)$, $R_m^{(2)}(x)$ 是 m 次待定系数多项式,$m=\max\{l,n\}$,而

$$k=\begin{cases}0, & \lambda+i\omega \text{ 不是特征根}\\ 1, & \lambda+i\omega \text{ 是特征根}\end{cases}$$

应该注意的是,对给定的具体方程,其右端项往往不符合上述两类“标准”形式,这有

两种可能：

(1) 右端项缺项不完整. 例如对 $f(x)=x\cos x$，那么这时一定要按照标准形式去理解它，即认为它具有 $f(x)=e^{\lambda x}[P_l(x)\cos\omega x+P_n(x)\sin\omega x]$ 的一般形式，只是其中 $\lambda=0$，$\omega=1$，和 $l=1$，$P_l(x)=x$ 以及 $n=0$，$P_n(x)=0$.

(2) 右端项更加复杂. 例如对 $f(x)=xe^x+x\cos x$，这时可以理解为

$$f(x)=xe^x+x\cos x\overset{\Delta}{=}f_1(x)+f_2(x)$$

其中 $f_1(x)=xe^x$，$f_2(x)=x\cos x$ 则分别属于非齐次方程的两种不同的类型，并且根据下列结论可以求出对应非齐次方程的特解.

定理(叠加原理)：设有非齐次线性方程

$$y''+p(x)y'+q(x)y=f_1(x)+f_2(x).$$

现作分解方程

$$y''+p(x)y'+q(x)y=f_1(x)\quad 和\quad y''+p(x)y'+q(x)y=f_2(x)$$

若它们分别有特解 y_1^* 和 y_2^*，则原方程即有特解 $y^*=y_1^*+y_2^*$.

第二节　典型例题分析与求解

一、一阶微分方程

例 1　求解：$y'=1-x+y^2-xy^2$.

分析　通常对一个给定的一阶微分方程，也许看不出它属于哪一种类型，这时一般需要对方程先作适当的变化.

解　原方程可变形为 $\dfrac{dy}{dx}=(1+y^2)(1-x)$，其属于变量可分离方程. 分离变量得

$$\frac{dy}{1+y^2}=(1-x)dx,$$

并两端积分，有

$$\int\frac{dy}{1+y^2}=\int(1-x)dx$$

即得原方程的通解为 $\arctan y=x-\dfrac{1}{2}x^2+C$.

例 2　求解：$xy'=\sqrt{x^2-y^2}+y$.

解　将方程变形为 $y'=\dfrac{\sqrt{x^2-y^2}}{x}+\dfrac{y}{x}$，这是一个齐次方程. 因而令 $y=ux$，则 $y'=u+xu'$，代入原方程，可将其化为

$$x\frac{du}{dx}=\sqrt{1-u^2}$$

得到变量可分离方程. 分离变量并积分，解得 $\arcsin u=\ln Cx$. 代回原变量 $u=\dfrac{y}{x}$，即得原方程的通解为 $y=x\sin(\ln Cx)$.

例 3　求解：$(y+5)\mathrm{d}x = \tan x\mathrm{d}y$.

分析　这是一个关于变量 x 和 y 的对称式方程，通常要将它化为关于导数 $\dfrac{\mathrm{d}y}{\mathrm{d}x}$ 的方程形式，然后才能判别其类型.

解　原方程即为 $y' - \cot x \cdot y = 5\cot x$，这是个一阶线性方程，且 $P(x) = -\cot x$，$Q(x) = 5\cot x$，故通解为

$$y = \mathrm{e}^{-\int P(x)\mathrm{d}x}\left(\int Q(x)\mathrm{e}^{\int P(x)\mathrm{d}x}\mathrm{d}x + C\right)$$

$$= \mathrm{e}^{\ln\sin x}\left(\int 5\frac{\cos x}{\sin^2 x}\mathrm{d}x + C\right) = C\sin x - 5.$$

例 4　求下列方程的通解.

(1) $y' = \dfrac{x-y+1}{x-y}$；　　　　(2) $y'(x^2+2xy+y^2) = 1$.

分析　如果一个给定的微分方程不属于我们已知的任何一种类型的一阶微分方程，那么选择适当的函数变量"换元"，可能会是一种有效的办法.

解　(1) 这个方程不属于前面已经出现了的，几种常见的一阶方程类型中的任何一种. 故采用变量换元法，令 $u = x - y$，则 $\dfrac{\mathrm{d}u}{\mathrm{d}x} = 1 - \dfrac{\mathrm{d}y}{\mathrm{d}x}$，代入方程得

$$1 - \frac{\mathrm{d}u}{\mathrm{d}x} = \frac{u+1}{u},\ \text{即} -\frac{\mathrm{d}u}{\mathrm{d}x} = \frac{1}{u}.$$

分离变量并积分，得 $u^2 = -2x + C$. 即 $(x-y)^2 = -2x + C$ 为所求通解.

(2) 同样采用换元法，令 $u = x + y$，则 $\dfrac{\mathrm{d}u}{\mathrm{d}x} = 1 + \dfrac{\mathrm{d}y}{\mathrm{d}x}$，代入原方程，即可化为

$$\left(\frac{\mathrm{d}u}{\mathrm{d}x} - 1\right)u^2 = 1,\ \text{即}\ \frac{u^2}{u^2+1}\frac{\mathrm{d}u}{\mathrm{d}x} = 1.$$

两边积分，得 $u + \arctan u = x + C$，即 $x + y + \arctan(x+y) = x + C$ 为所求通解.

例 5　一曲线通过点 $(2, 3)$. 在曲线上任一点 $P(x, y)$ 处的法线与 x 轴交点为 Q，且 PQ 被 y 轴平分. 求此曲线方程.

分析　对微分方程"应用性"问题，一般来说最关键之处，往往也是难点之所在，就是怎样根据题意建立正确的微分方程.

解　设曲线方程为 $y = y(x)$，则它在 $P(x, y)$ 处的法线方程为

$$Y - y = \frac{1}{y'}(X - x)$$

令 $Y = 0$ 不难得到它在 x 轴上的截距为 $X = yy' + x$. 由已知条件，可得

$$\frac{x + yy' + x}{2} = 0,\ \text{且}\ y(2) = 3$$

从而得到满足题意的微分方程

$$yy' + 2x = 0$$

不难得其通解为 $y^2 + 2x^2 = C$. 并代入初始条件，有 $C = 17$. 于是所求曲线方程为 $y^2 + 2x^2 = 17$.

例 6 一子弹以速度 $v_0 = 200\ \mathrm{m/s}$ 打进一块厚度为 10 cm 的木板,然后穿过木板且以速度 $v_1 = 80\ \mathrm{m/s}$ 离开木板. 该板对子弹运动的阻力大小和运动速度平方成正比. 设子弹弹头质量为 $m = 4\ \mathrm{g}$. 问子弹穿过木板的运动持续了多长时间?

分析 它显然也是个"应用性"问题. 如前面所说,对此需要根据题意建立起恰当的微分方程,这是难点所在. 解决问题的过程需要耐心和细致.

解 由牛顿第二定律,并根据题意,可得

$$m\frac{\mathrm{d}v}{\mathrm{d}t} = -cv^2,\ 且\ v_0 = 200\ \mathrm{m/s}$$

记 $k = \frac{c}{m}$,解上述方程,易得 $\frac{1}{v} = kt + C$. 代入初始条件,得 $C = \frac{1}{200}$. 即

$$v = \frac{200}{200kt + 1}$$

若设子弹穿过木板所需的时间为 T,则

$$0.1 = \int_0^T v\mathrm{d}t = \int_0^T \frac{200}{200kt + 1}\mathrm{d}t = \frac{1}{k}\ln(200kt + 1)\Big|_0^T = \frac{1}{k}\ln(200kT + 1)$$

并且当 $t_1 = T$ 时,$v_1 = 80\ \mathrm{m/s}$,即

$$\frac{200}{200kT + 1} = 80,\ 于是\ kT = \frac{3}{400}.$$

代入前面一式,即有

$$0.1 = \frac{1}{k}\ln(200kT + 1) = T \times \frac{1}{kT}\ln(200kT + 1) = T \times \frac{400}{3}\ln\left(\frac{3}{2} + 1\right)$$

解得 $T = \frac{0.3}{400\ln(2.5)} = 8.2 \times 10^{-4}\ \mathrm{s}$.

二、可降阶的高阶微分方程

例 7 (1) 求方程 $y''' = \frac{\ln x}{x^2}$ 满足初始条件 $y(1) = 0, y'(1) = 1, y''(1) = 2$ 的特解;

(2) 求方程 $(1 + x^2)y'' = 2xy'$ 满足初始条件 $y(0) = 1, y'(0) = 3$ 的特解;

(3) 求方程 $y'' = \frac{1 + (y')^2}{2y}$ 的通解.

解 (1) 这是最简单 $y^{(n)} = f(x)$ 型的三阶方程,对所给方程两端连续积分三次即可.

$$y'' = \int \frac{\ln x}{x^2}\mathrm{d}x = -\frac{\ln x}{x} - \frac{1}{x} + C_1,$$

$$y' = \int\left(-\frac{\ln x}{x} - \frac{1}{x} + C_1\right)\mathrm{d}x = -\frac{1}{2}\ln^2 x - \ln x + C_1 x + C_2,$$

$$y = \int\left(-\frac{1}{2}\ln^2 x - \ln x + C_1 x + C_2\right)\mathrm{d}x = -\frac{1}{2}x\ln^2 x + \frac{1}{2}C_1 x^2 + C_2 x + C_3,$$

将初始条件 $y(1) = 0, y'(1) = 1, y''(1) = 2$ 代入上述各式,依次解得 $C_1 = 3, C_2 = -2$, $C_3 = \frac{1}{2}$,故所求特解为 $y = -\frac{1}{2}x\ln^2 x + \frac{3}{2}x^2 - 2x + \frac{1}{2}$.

(2) 这是函数变量 y 没有出现的二阶微分方程,故令 $y'=p(x)$,得可分离变量的一阶微分方程

$$\frac{dp}{p}=\frac{2x}{1+x^2}dx$$

不难解得 $p=C_1(1+x^2)$,用初始条件 $y'(0)=3$ 代入,有 $C_1=3$.

接着对 $p=3(1+x^2)$,即一阶方程 $y'=3(1+x^2)$ 两边积分,得到 $y=3x+x^3+C_2$,再把初始条件 $y(0)=1$ 代入,有 $C_2=1$. 于是 $y=3x+x^3+1$ 即为所要求的特解.

(3) 原方程 $y''=\dfrac{1+(y')^2}{2y}$ 是自变量 x 没有明显出现的二阶微分方程,所以必须令 $y'=p(y)$,则 $y''=p\dfrac{dp}{dy}$,代入原方程,整理后产生关于函数 $p(y)$ 的一阶方程

$$p\frac{dp}{dy}=\frac{1+p^2}{2y}$$

分离变量并积分,有 $1+p^2=C_1y$,即

$$1+(y')^2=C_1y$$

对这个关于函数 y 的一阶微分方程,即 $y'=\pm\sqrt{C_1y-1}$,再次利用分离变量方法,可以化为

$$\frac{dy}{\sqrt{C_1y-1}}=\pm dx$$

不难积分得到 $4(C_1y-1)=C_1^2(x+C_2)^2$,此即为所求通解.

三、二阶常系数线性微分方程

例8　求解:$y''-2y'+y=4xe^x$.

解　这是个二阶非齐次线性微分方程,其对应齐次方程的特征方程为 $\lambda^2-2\lambda+1=0$,它有二重根 $\lambda=1$,所以对应齐次方程的通解为 $(C_1+C_2x)e^x$.

根据原方程右端项 $4xe^x$ 的形式,应设特解 $y^*=x^2(ax+b)e^x$. 并代入原方程,可解得 $a=\dfrac{2}{3}$,$b=0$,故 $y^*=\dfrac{2}{3}x^3e^x$.

所以原方程通解为 $y=(C_1+C_2x)e^x+\dfrac{2}{3}x^3e^x$.

例9　求方程 $y''+y=x+\cos x$ 的一个特解.

分析　因为这个方程的右端含有多项式函数与三角函数两种类型的项,所以在求方程的特解时,需要利用“叠加原理”.

解　首先,其对应齐次方程的特征方程为 $\lambda^2+1=0$,它有二重根 $\lambda=\pm i$;

又方程的右端是两个函数 $x(=e^{0x}\cdot x)$ 与 $\cos x(=e^{0x}\cos x)$ 之和,前者 $\lambda=0$ 不是特征根,后者 $\lambda=0+1\cdot i$ 为特征单根. 依照非齐次线性微分方程解叠加原理与特解形式的结论,可设方程的特解具有形式

$$y^*=Ax+B+x(C\cos x+D\sin x)$$

其中 A, B, C, D 为待定系数. 代入方程可得 $A=1$,$B=0$,$C=0$,$D=\dfrac{1}{2}$.

所以方程的一个特解为 $y^* = x + \frac{1}{2}x\sin x$.

例 10　设 $f(x) = x\sin x - \int_0^x (x-t)f(t)\mathrm{d}t$，其中 $f(x)$ 连续，求 $f(x)$.

分析　这是一个“积分方程”. 对求解积分方程，通常需要注意方程“隐含”的初始条件. 换句话说，积分方程的求解一般是意欲求其特解，而不是求通解.

解　这是一个积分方程，对原方程 $f(x) = x\sin x - \int_0^x (x-t)f(t)\mathrm{d}t$，即

$$f(x) = x\sin x - x\int_0^x f(t)\mathrm{d}t + \int_0^x tf(t)\mathrm{d}t,\ \text{且}\ f(0) = 0$$

对等式两边求导两次，依次得

$$f'(x) = x\cos x + \sin x - \int_0^x f(t)\mathrm{d}t,\ \text{且}\ f'(0) = 0$$

和

$$f''(x) = -x\sin x + 2\cos x - f(x)$$

即 $f(x)$ 满足二阶非线性微分方程

$$f''(x) + f(x) = -x\sin x + 2\cos x$$

首先，其对应的齐次方程 $f''(x) + f(x) = 0$ 的特征根为 $\lambda = \pm i$，于是对应齐次方程通解为 $C_1\cos x + C_2\sin x$.

又设非齐次方程的特解具有形式

$$y^* = x(Ax+B)\cos x + x(Cx+D)\sin x$$

将其代人原方程，并用待定系数法可以求出 $y^* = \frac{1}{4}x^2\cos x + \frac{3}{4}x\sin x$. 于是方程的通解为

$$y = C_1\cos x + C_2\sin x + \frac{1}{4}x^2\cos x + \frac{3}{4}x\sin x$$

又因为 $f(0) = 0, f'(0) = 0$，得到 $C_1 = C_2 = 0$. 故

$$f(x) = \frac{1}{4}x^2\cos x + \frac{3}{4}x\sin x$$

即为所求.

第三节　应用案例

本节是学生自学内容，在上册第二章我们曾经利用导数方法研究过地球的轨道方程问题.

知识回顾　已知地球距太阳最远(远日点)的距离为 1.521×10^{11} m，此时地球绕太阳运动(公转)的速度为 2.929×10^4 m/s，地球绕太阳运动的轨道是一个平面轨道. 设其在极坐标下的方程为

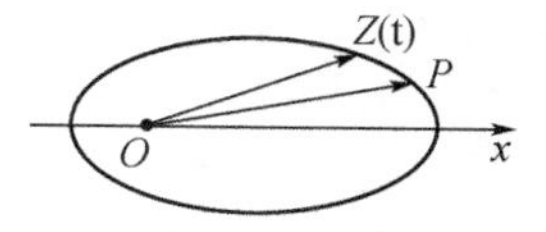

$$Z(t) = x(t) + iy(t) = r(t)\mathrm{e}^{i\theta(t)}$$

根据依 Newton 第二定律和万有引力定律，建立有地球的轨道方程

$$\begin{cases} r\dfrac{\mathrm{d}^2\theta}{\mathrm{d}t^2}+2\dfrac{\mathrm{d}r}{\mathrm{d}t}\dfrac{\mathrm{d}\theta}{\mathrm{d}t}=0 \\ \dfrac{\mathrm{d}^2 r}{\mathrm{d}t^2}-r\left(\dfrac{\mathrm{d}\theta}{\mathrm{d}t}\right)^2=-\dfrac{MG}{r^2} \end{cases} \tag{7-1}$$

且满足初始条件

$$r\Big|_{t=0}=r_0,\ \theta\Big|_{t=0}=0,\ \frac{\mathrm{d}r}{\mathrm{d}t}\Big|_{t=0}=0,\ \frac{\mathrm{d}\theta}{\mathrm{d}t}\Big|_{t=0}=\frac{v_0}{r_0} \tag{7-2}$$

其中 $M=1.989\times10^{30}\,\mathrm{kg}$ 为太阳的质量，m 为地球质量，$G=6.672\times10^{-11}\ \mathrm{N\cdot m^2/kg^2}$ 为引力常数. 而 $r_0=1.521\times10^{11}\ \mathrm{m}$，$v_0=2.929\times10^4\ \mathrm{m/s}$ 分别为地球到太阳的远日距，地球在远日点的速率.

问题提出　地球轨道方程它是个二阶微分方程组. 现在我们将要进一步研究

(1) 地球的轨道方程的具体表达式是什么？

(2) 地球的运行规律是否确实满足 Kepler 定律？(具体叙述请参见本指导书第二章)

(3) 地球到太阳的最近距离，地球绕太阳运转的实际周期是多少？

问题求解　(7-1)式是一个关于函数 $r=r(t)$，$\theta=\theta(t)$ 的二阶非线性微分方程组，直接求解自然很困难. 现在把(7-1)的第一式乘以 r，有

$$\frac{\mathrm{d}}{\mathrm{d}t}\left(r^2\frac{\mathrm{d}\theta}{\mathrm{d}t}\right)=0$$

从而

$$r^2\frac{\mathrm{d}\theta}{\mathrm{d}t}=c_1 \tag{7-3}$$

其中 $c_1=r_0v_0$. 所以有向线段 OP 在时间 Δt 内扫过的面积等于

$$\int_t^{t+\Delta t}\frac{1}{2}r^2\,\mathrm{d}\theta=\int_t^{t+\Delta t}\frac{1}{2}r^2\frac{\mathrm{d}\theta}{\mathrm{d}t}\,\mathrm{d}t=\frac{c_1\,\Delta t}{2} \tag{7-4}$$

即时间 Δt 内扫过的面积与时间间隔 Δt 成正比，因而 Kepler 第二定律成立.

又把(7-3)代入(7-1)的第二式中，得

$$\frac{\mathrm{d}^2 r}{\mathrm{d}t^2}-\frac{c_1^2}{r^3}=-\frac{MG}{r^2} \tag{7-5}$$

所以行星运行的轨迹方程(7-1)就等价于

$$\begin{cases} r^2\dfrac{\mathrm{d}\theta}{\mathrm{d}t}=c_1 \\ \dfrac{\mathrm{d}^2 r}{\mathrm{d}t^2}-\dfrac{c_1^2}{r^3}=-\dfrac{MG}{r^2} \end{cases} \tag{7-6}$$

且满足初始条件

$$r\Big|_{t=0}=r_0,\theta\Big|_{t=0}=0,\frac{\mathrm{d}r}{\mathrm{d}t}\Big|_{t=0}=0,\frac{\mathrm{d}\theta}{\mathrm{d}t}\Big|_{t=0}=\frac{v_0}{r_0} \tag{7-7}$$

其中 $c_1=r_0v_0$.

方程(7-6)比(7-1)显然形式更加简单，但是本质上仍然是个二阶非线性方程，求解仍然困难. 为了彻底地求解它，现设法从该等价方程中消去变量 t，于是令 $r=\dfrac{1}{u}$，则

$$\frac{\mathrm{d}\theta}{\mathrm{d}t} = c_1 u^2$$

转而将 r 看作 θ 的函数，即 $r = f(\theta)$（注意本来是 $r = r(t)$，$\theta = \theta(t)$），则 u 也就是 θ 的函数 $\left[u = \frac{1}{r} = \frac{1}{f(\theta)} \stackrel{\Delta}{=} g(\theta)\right]$. 因为

$$\frac{\mathrm{d}r}{\mathrm{d}t} = -\frac{1}{u^2}\frac{\mathrm{d}u}{\mathrm{d}t} = -\frac{1}{u^2}\frac{\mathrm{d}u}{\mathrm{d}\theta}\frac{\mathrm{d}\theta}{\mathrm{d}t} = -c_1\frac{\mathrm{d}u}{\mathrm{d}\theta}$$

$$\frac{\mathrm{d}^2 r}{\mathrm{d}t^2} = -c_1\frac{\mathrm{d}}{\mathrm{d}t}\left(\frac{\mathrm{d}u}{\mathrm{d}\theta}\right) = -c_1\frac{\mathrm{d}^2 u}{\mathrm{d}\theta^2}\frac{\mathrm{d}\theta}{\mathrm{d}t} = -c_1^2 u^2\frac{\mathrm{d}^2 u}{\mathrm{d}\theta^2}$$

将上式代入到(7-6)的第二个方程中，即有

$$\frac{\mathrm{d}^2 u}{\mathrm{d}\theta^2} + u = \frac{1}{p} \tag{7-8}$$

其中 $p = \frac{c_1^2}{MG}$ 是常数.

(7-8)式是关于函数 $u = g(\theta)$ 的一个简单的二阶常系数非齐次线性微分方程，并且右端项还是个常数，不难解得（具体求解过程我们留给大家自己去做）

$$r = \frac{p}{1 - \mathrm{e}\cos\theta} \tag{7-9}$$

其中 $A = \frac{1}{r_0} - \frac{1}{p}$，$\mathrm{e} = -Ap$，且满足 $0 < \mathrm{e} < 1$. 由此就得到了地球的轨道方程，它是以极点，即太阳的中心为一个焦点的椭圆. 从而 Kepler 第一定律也成立. 并且不难求出轨道椭圆的长、短半轴分别为

$$a = \frac{p}{1 - \mathrm{e}^2},\ b = \frac{p}{\sqrt{1 - \mathrm{e}^2}}$$

在(7-9)式中令 $\theta = \pi$，又得到地球到太阳的最近距离为

$$r_{\mathrm{m}} = \frac{p}{1 + \mathrm{e}}$$

而 $\mathrm{e} = 1 - \frac{p}{r_0} \approx 0.01670$，$c_1 = r_0 v_0 \approx 4.455 \times 10^{15}\ \mathrm{m^2/s}$，$p = \frac{c_1^2}{MG} \approx 1.496 \times 10^{11}\ \mathrm{m}$，于是

$$r_{\mathrm{m}} = \frac{p}{1 + \mathrm{e}} \approx 1.471 \times 10^{11}\ \mathrm{m}$$

比较地球距太阳的最远（远日点）距离 $r_0 = 1.521 \times 10^{11}\ \mathrm{m}$，地球的轨道接近于一个圆.

设地球绕太阳运行一周的周期为 T，在(7-4)式中令 $t = 0$，$\Delta t = T$ 则有

$$\int_0^T \frac{1}{2} r^2 \frac{\mathrm{d}\theta}{\mathrm{d}t}\mathrm{d}t = \int_0^T \frac{1}{2} r^2 \mathrm{d}\theta = \frac{c_1 T}{2} \tag{7-10}$$

上式中间一个积分即为地球的轨道椭圆（在一个周期内）的面积，于是

$$\frac{c_1 T}{2} = S_{椭圆} = \pi ab = \frac{\pi p^2}{(1 - \mathrm{e}^2)^{\frac{3}{2}}}$$

不难解得

$$T = \frac{2\pi p^2}{c_1 (1 - \mathrm{e}^2)^{\frac{3}{2}}} \approx 365.3(天)$$

由此我们也容易想到，为了解决周期中 0.3 天的非整数偏差，所以历法上有了闰年的概念.

在第二章应用案例部分曾经讲过,可能在一大部分同学的思维中,地球轨道方程等问题是个很高深的、玄奥的问题.但是现在已经看到,它用我们正在学习的高等数学中的知识就可以去研究和加以解决.

实际上我们还可以研究更多相关的问题,例如讨论地球从远日点开始到任意时刻,比如到第100天时,地球所处的位置与速度等.这个问题会涉及到我们在第一章、第三章应用案例部分曾讨论过的一元方程求根计算,也可以利用第五章案例中介绍的定积分的数值计算方法.由于本节的篇幅和难度的制约,我们不再继续探讨下去,就把它留作为大家进一步开展课外学习和研究的课题吧.

第四节 练习题

7－1 微分方程一般概念、变量可分离方程

1. 通过原点及 (2, 3) 点的光滑曲线，过其上任一点 $P(x, y)$ 作两坐标轴的平行线，其中一条平行线与 x 轴和曲线所围成的面积，是另一条平行线与 y 轴和曲线所围成面积的 2 倍. 求此曲线方程.

2. 用微分方程表示一物理命题：某种气体的气压 P 对于温度 T 的变化率与气压成正比，与温度的平方成反比.

3. 求下列微分方程的通解或特解.

(1) $y' - xy' = a(y^2 + y')$；

(2) $\sec^2 x \tan y \mathrm{d}x + \sec^2 y \tan x \mathrm{d}y = 0$；

(3) $\cos y\mathrm{d}x+(1+\mathrm{e}^{-x})\sin y\mathrm{d}y=0, y\Big|_{x=0}=\dfrac{\pi}{4}$;

(4) $y'+\dfrac{1}{y^2}\mathrm{e}^{y^3+x}=0$.

4. 在某一人群中推广新技术是通过其中已掌握新技术的人进行的. 设该人群的总人数为 N,在 $t=0$ 时刻已掌握新技术的人数为 x_0，在任意时刻 t 已掌握新技术的人数为 $x(t)$ (将 $x(t)$ 视为连续可微变量),其变化率与已掌握新技术人数和未掌握新技术人数之积成正比,比例常数 $k>0$，求 $x(t)$.

7 - 2 齐次方程与换元方法

1. 求下列微分方程的通解或特解.

(1) $\left(2x\operatorname{sh}\dfrac{y}{x}+3y\operatorname{ch}\dfrac{y}{x}\right)\mathrm{d}x-3x\operatorname{ch}\dfrac{y}{x}\mathrm{d}y=0$；

(2) $xy'=\sqrt{x^2+y^2}+y$；

(3) $xy'-y=x\tan\dfrac{y}{x}, y(1)=2$；

(4) $x\dfrac{\mathrm{d}y}{\mathrm{d}x}=x\mathrm{e}^{\frac{y}{x}}+y$.

2. 求一曲线族,使其上任一点 $P(x,y)$ 处的切线在 y 轴上的截距恰好等于原点 O 到该点的距离.

3. 利用适当换元方法求解下列微分方程:

(1) $\dfrac{\mathrm{d}y}{\mathrm{d}x}=(x+y)^2$;

(2)* $(x+y)\mathrm{d}x+(3x+3y-4)\mathrm{d}y=0$.

7-3 一阶线性微分方程、伯努利方程

1. 求下列微分方程的通解或特解.

(1) $y' + y\tan x = \sin 2x$；

(2) $y' - \dfrac{y}{x} - x^2 = 0$；

(3) $y' + \dfrac{1}{x}y = 2\ln x + 1, y(1) = 2$；

(4) $(x\cos y + \sin 2y)y' = 1, y(0) = 0$；

2*. 判断下列方程是否为全微分方程,并求其解.

(1) $e^y dx + (xe^y - 2y)dy = 0$；

(2) $ydx + (1 + y^2 - x)dy = 0$.

3. 求微分方程 $xy'+(1-x)y=\mathrm{e}^{2x}(0<x<+\infty)$ 满足条件 $\lim\limits_{x\to 0^+}y(x)=1$ 的特解.

4. 设 $y=\mathrm{e}^x$ 是微分方程 $xy'+p(x)y=x$ 的一个解,求此微分方程满足条件 $y\Big|_{x=\ln 2}=0$ 的特解.

5. 已知 $\int_0^1 f(tx)\mathrm{d}t=\frac{1}{2}f(x)+1$, 其中 $f(x)$ 为连续函数,求 $f(x)$.

$\left[\text{提示:对等式左边的积分做变量换元,令 } u=tx,\text{ 即 } t=\frac{u}{x}\right]$

6. 设将质量为 m 的物体在空气中以速度 v_0 竖直上抛,空气阻力为 kv (k 为常数),试求在上升过程中速度与时间的函数关系.

7-4 二阶可降阶的微分方程、线性微分方程解的结构

1. 求下列微分方程的通解或特解.

(1) $xy''+y'=0$;

(2) $y''=(y')^3+y'$;

(3) $y''=1+(y')^2$;

(4) $y^3y''+1=0, y(1)=1, y'(1)=0$.

2. 判断下列各组函数是否为线性无关？并说明理由.

(1) x, x^2+x；

(2) $e^{ax}, e^{bx}\ (a=b+1)$；

(3) $\ln(\sqrt{1+x^2}-1), \ln(\sqrt{1+x^2}+1)$；

(4) $\cos^2 x, \cos 2x$.

3. 已知函数 $y_1=3, y_2=3+x^2, y_3=3+x^2+e^x$ 都是方程 $(x^2-2x)y''-(x^2-2)y'+(2x-2)y=6x-6$ 的解,求此方程的通解.

7 - 5 二阶常系数齐次与非齐次线性微分方程

1. 求下列微分方程的通解或特解.

(1) $y''+y=0$;

(2) $4\dfrac{d^2x}{dt^2}-20\dfrac{dx}{dt}+25x=0$;

(3) $y''-3y'-4y=0, y(0)=0, y'(0)=-5$;

2*. 求下列微分方程的通解或特解.

(1) $y^{(4)}-2y'''+y''=0$;

(2) $y^{(4)}+2y''+y=0$.

3. 求下列微分方程的通解或特解.

(1) $y'' + 3y' + 2y = 3x\mathrm{e}^{-x}$；

(2) $y'' - 4y' + 4y = \mathrm{e}^{2x} + x$；

(3) $y'' + 4y = x\cos x$.

第五节 自测题

一、填空题(每题 3 分,共 15 分)

1. 若 $y_1(x)$ 是方程 $y'+p(x)y=0$ 的一个非零解,则此方程的通解为________.

2. 若 $y_1=\sin x, y_1=x$ 是方程 $y''+p(x)y'+q(x)y=0$ 的两个特解,则此方程的通解为________.

3. 微分方程 $y'=\dfrac{y(1-x)}{x}$ 的通解是________.

4. 微分方程 $xy'+2y=x\ln x$ 满足 $y(1)=-\dfrac{1}{3}$ 的特解________.

5. 微分方程 $yy''+y'^2=0$ 满足初始条件 $y(0)=1, y'(0)=\dfrac{1}{2}$ 的特解是________.

二、选择题(每题 3 分,共 15 分)

1. 已知微分方程 $y'+p(x)y=0$ 的两个互不相同的特解 $y_1(x)$ 和 $y_2(x)$,则该方程的通解可以表示为 ( )

A. $C_1y_1+C_2y_2$ B. $C_1y_1+C_2y_2$

C. $y_1+C(y_1+y_2)$ D. $C_1(y_2-y_1)$

2. 设线性无关函数 y_1, y_2, y_3 都是二阶非齐次线性方程 $y''+p(x)y'+q(x)y=f(x)$ 的解,则该非齐次方程的通解是 ( )

A. $C_1y_1+C_2y_2+y_3$

B. $C_1y_1+C_2y_2-(C_1+C_2)y_3$

C. $C_1y_1+C_2y_2-(1-C_1-C_2)y_3$

D. $C_1y_1+C_2y_2+(1-C_1-C_2)y_3$

3. 已知连续函数 $f(x)$ 满足 $f(x)=\int_0^{2x}f\left(\dfrac{t}{2}\right)\mathrm{d}t+\ln 2$, 则 $f(x)$ 为 ( )

A. $\mathrm{e}^x\ln 2$ B. $\mathrm{e}^{2x}\ln 2$

C. $\mathrm{e}^x+\ln 2$ D. $\mathrm{e}^{2x}+\ln 2$

4. 设函数 $y=f(x)$ 满足微分方程 $y''+y'-\mathrm{e}^{\sin x}=0$, 且 $f'(x_0)=0$, 则 $f(x)$ ( )

A. 在 x_0 点的某邻域内单调增加

B. 在 x_0 点的某领域内单调减少

C. 在 x_0 处取得最小值

D. 在 x_0 处取得最大值

5. 函数 $y=C_1\mathrm{e}^x+C_2\mathrm{e}^{-2x}+x\mathrm{e}^x$ 满足的一个微分方程是 ( )

A. $y''-y'-2y=3x\mathrm{e}^x$ B. $y''-y'-2y=3\mathrm{e}^x$

C. $y''+y'-2y=3x\mathrm{e}^x$ D. $y''+y'-2y=3\mathrm{e}^x$

三、求下列微分方程的通解或特解.(每题 5 分,共 10 分)

1. $\begin{cases} (y+\sqrt{x^2+y^2})\mathrm{d}x - x\mathrm{d}y = 0 \ (x>0) \\ y\Big|_{x=1} = 0 \end{cases}$.

2. $(1+x^2)y' - xy - 1 = 0$.

四、(15 分)设函数 $f(x)$ 在 $[0,+\infty)$ 上可导,$f(0)=0$,且其反函数为 $g(x)$,若 $\int_0^{f(x)} g(t)\mathrm{d}t = x^2\mathrm{e}^x$,求 $f(x)$.

五、(15 分)已知微分方程 $y'+y=g(x)$,其中 $g(x)=\begin{cases} x, 0\leqslant x\leqslant 1, \\ 2, 1<x<+\infty \end{cases}$ 试求一连续函数 $y=y(x)$,满足初始条件 $y(0)=0$ 且在 $[0,+\infty)$ 满足微分方程.

六、(15 分)求 $y^2 y''+1=0$ 的积分曲线方程,使积分曲线通过点 $\left(0,\frac{1}{2}\right)$,且在该点切线的斜率为 2.

七、(15 分)设二阶常系数线性微分方程 $y''+\alpha y'+\beta y=\gamma e^x$ 的一个特解为 $y=e^{2x}+(1+x)e^x$,试确定常数 α, β, γ,并求该方程的通解.

第六节　练习题与自测题答案

练习题答案

7 - 1

1. 方程为 $\int_0^x y\mathrm{d}x = \frac{2}{3}xy$，解得 $y^2 = \frac{9}{2}x$.

2. $\frac{\mathrm{d}P}{\mathrm{d}T} = k\frac{P}{T^2}$，$k$ 是比例常数.

3. (1) $\frac{1}{y} = a\ln|x+a-1| + C$ 或 $y = 0$；　(2) $\tan x\tan y = C$；

   (3) $(1+\mathrm{e}^x)\sec y = 2\sqrt{2}$；　(4) $\frac{1}{3}\mathrm{e}^{-y^3} = \mathrm{e}^x + C$.

4. $x(t) = \frac{Nx_0\mathrm{e}^{kN_t}}{N - x_0 + x_0\mathrm{e}^{kN_t}}$.

7 - 2

1. (1) $x^2 = C\mathrm{sh}^3\left(\frac{y}{x}\right)$；　(2) $y + \sqrt{x^2+y^2} = Cx^2$；　(3) $\sin\frac{y}{x} = x\sin 2$；

(4) $\ln x = C - \mathrm{e}^{-\frac{y}{x}}$.

2. $y + \sqrt{x^2+y^2} = C$.

3. (1) $y = -x + \tan(x+C)$；　(2) $x + 3y + 2\ln|x+y-2| = C$.

7 - 3

1. (1) $y = C\cos x - 2\cos^2 x$；　(2) $y = Cx + \frac{1}{2}x^2$；

   (3) $y = \frac{2}{x} + x\ln x$；　(4) $x = -2(\sin y + 1 - \mathrm{e}^{\sin y})$.

2. (1) $x\mathrm{e}^y - y^2 = C$；　(2) $y^2 + y + x - 1 = 0$.

3. $y = \frac{1}{x}\mathrm{e}^x(\mathrm{e}^x + C)$，$C = -1$.

4. $p(x) = x\mathrm{e}^{-x} - x$. 特解 $y = \mathrm{e}^x - \mathrm{e}^{x+\mathrm{e}^{-x}-\frac{1}{2}}$.

5. $y = Cx + 2$.

6. $v = \frac{mg}{k}(\mathrm{e}^{-\frac{m}{k}t} - 1) + v_0\mathrm{e}^{\frac{m}{k}t}$.

7 - 4

1. (1) $y = C_1\ln x + C_2$；　(2) $y = \arcsin(C_2\mathrm{e}^x) + C_1$；

   (3) $y = -\ln\cos(x + C_1) + C_2$；　(4) $y = \sqrt{2x - x^2}$.

2. (1) 线性无关；(2) 线性无关；(3) 线性无关；(4) 线性无关.

3. $y=C_1x^2+C_2\mathrm{e}^x+3$.

7-5

1. (1) $y=C_1\cos x+C_2\sin x$； (2) $y=(C_1+C_2t)\mathrm{e}^{\frac{5}{2}t}$； (3) $y=\mathrm{e}^{-x}-\mathrm{e}^{4x}$.

2. (1) $y=C_1+C_2x+(C_3+C_4x)\mathrm{e}^x$； (2) $y=(C_1+C_2x)\cos x+(C_3+C_4x)\sin x$.

3. (1) $y=C_1\mathrm{e}^{-x}+C_2\mathrm{e}^{-2x}+\left(\dfrac{3}{2}x^2-3x\right)\mathrm{e}^{-x}$；

(2) $y=(C_1+C_1x)\mathrm{e}^{2x}+\dfrac{1}{4}x+\dfrac{1}{2}x^2\mathrm{e}^{2x}$；

(3) $y=C_1\cos 2x+C_2\sin 2x+\dfrac{1}{3}x\cos x+\dfrac{2}{9}\sin x$.

自测题答案

一、1. $y=Cy_1(x)$ 2. $y=C_1\sin x+C_2x$ 3. $y=Cx\mathrm{e}^{-x}$

4. $\dfrac{x\ln x}{3}-\dfrac{x}{9}-\dfrac{2}{9x^2}$ 5. $y^2=x+1$

二、1. D 2. D 3. B 4. C 5. D

三、略

四、$f(x)=(1+x)\mathrm{e}^x-1$.

五、$y=\begin{cases}\mathrm{e}^{-x}+(x-1), & 0\leqslant x\leqslant 1,\\ (1-2\mathrm{e})\mathrm{e}^{-x}+2, & 1<x<+\infty.\end{cases}$

六、$y^{\frac{3}{2}}=\dfrac{3\sqrt{2}}{2}x+\dfrac{\sqrt{2}}{4}$.

七、$y=\overline{y}+y^*=(C_1\mathrm{e}^{2x}+C_2\mathrm{e}^x)+[\mathrm{e}^{2x}+(1+x)\mathrm{e}^x]$.

高等数学(上)模拟试卷 1

一、选择题(每题 3 分,共 15 分)

1. 当 $x \to 0$ 时,与 x 等价的无穷小是 (　　)

A. $x^2 + \sin x$　　B. $x\sin x$

C. $\tan\sqrt[3]{x}$　　D. $2x$

2. 设 $f'(0)$ 存在,则 $\lim\limits_{x\to 0}\dfrac{f(0)-f(2x)}{x}=$ (　　)

A. $-f'(0)$　　B. $f'(0)$

C. $2f'(0)$　　D. $-2f'(0)$

3. 设函数 $f(x)$ 在闭区间 $[a,b]$ 上连续,并在开区间 (a,b) 内可导,如果在 (a,b) 内 $f'(x)$ 是单调减少的,则必有 (　　)

A. 在 $[a,b]$ 上 $f(x)$ 是上凹的

B. 在 $[a,b]$ 上 $f(x)$ 是上凸的

C. 在 $[a,b]$ 上 $f(x)$ 单调减少

D. 在 $[a,b]$ 上 $f(x)$ 单调增加

4. 函数 $f(x)=3x^2-x^3$ 的极值点个数为 (　　)

A. 0　　B. 1

C. 2　　D. 3

5. $\begin{cases}\dfrac{dy}{dx}=y\sec^2 x\\ y\Big|_{x=\frac{\pi}{4}}=-1\end{cases}$ 的解为 (　　)

A. $y=e^{-\tan x}$　　B. $y=-e^{(-1+\tan x)}$

C. $y=-e^{(\sec^3 x-2\sqrt{2})/3}$　　D. $y=-\sqrt{2\tan x-1}$

二、填空题(每题 3 分,共 15 分)

1. $\lim\limits_{x\to\infty}\dfrac{x+\sin x}{x-\sin x}=$ ____________.

2. 已知 $f(x)=\begin{cases}2x+a, x\leqslant 1\\ bx^2, x>1\end{cases}$ 在 $x=1$ 点可导,则有 $a=$ ________, $b=$ ________.

3. 设 $f(x)=x(x+1)(x+2)\cdots(x+2007)$,则 $f'(0)=$ ____________.

4. 已知 $f(x)=\int_0^x \sin t\,dt$,则 $f'\left(\dfrac{\pi}{4}\right)=$ ____________.

5. $\int \frac{2-x}{\sqrt{1-x^2}}\mathrm{d}x =$ ____________.

三、计算题(每题 5 分,共 30 分)

1. $\lim\limits_{x\to 0}\frac{\mathrm{e}^x-1-x}{x^2}$.

2. $\lim\limits_{x\to 0}\frac{\sqrt{1+\sin^2 x}-1}{x\tan x}$.

3. 已知 $y=\frac{\sin(2x)}{\cos x}$,求 y'.

4. 已知 $y=\ln\left(\frac{x}{x^2+1}\right)$,求 y'.

5. 已知 $y=x^2\arcsin\left(\frac{x}{2}\right)+\frac{1}{x}\arctan\sqrt{x}$,求 y'.

6. 求由参数方程 $\begin{cases} x = t - \sin t \\ y = 1 - \cos t \end{cases}$ 所确定的函数的导数 $\dfrac{dy}{dx}, \dfrac{d^2 y}{dx^2}$.

四、计算题(每题5分,共20分)

1. $\displaystyle\int \frac{x+3}{x^2+1} dx$.

2. $\displaystyle\int \frac{x^3}{\sqrt{9-x^2}} dx$.

3. $\displaystyle\int_{-\frac{\pi}{2}}^{\frac{\pi}{2}} \sqrt{\cos x - \cos^3 x}\, dx$.

4. $\displaystyle\int_2^8 \frac{1}{\sqrt{x}(\sqrt{x}+1)} dx$.

五、(7 分)求抛物线 $y=1-x^2(0<x\leqslant 1)$ 的切线与两个坐标轴所围成的三角形面积的最小值.

六、(7 分)求曲线 $y=x^2$ 及直线 $x=2$，$y=0$ 所围成平面图形的面积，并求该平面图形绕 x 旋转而成的旋转体的体积.

七、(6 分)设 $f(x)$ 是区间 $\left[0,\frac{\pi}{4}\right]$ 上的单调、可导函数，且满足

$$\int_0^{f(x)} f^{-1}(t)\,\mathrm{d}t=\int_0^x t\,\frac{\cos t-\sin t}{\sin t+\cos t}\,\mathrm{d}t$$

其中 f^{-1} 是 f 的反函数，求 $f(x)$.

高等数学(上)模拟试卷 2

一、选择题(每题 3 分,共 15 分)

1. 设函数 $f(x)=x^2, g(x)=2^x$,则 $f(g(x))=$ ( )

A. 2^{x^2}　　B. 2^{2x}

C. x^{2^x}　　D. x^{2x}

2. $\lim\limits_{x\to\infty}\left(\dfrac{x-1}{x}\right)^x=$ ( )

A. 1　　B. e

C. e^{-1}　　D. ∞

3. 下列函数中,哪个是在 $x=1$ 处没有导数的连续函数 ( )

A. $y=|x|$　　B. $y=\sqrt[3]{x-1}$

C. $y=\arctan x$　　D. $y=\ln x-1$

4. $\displaystyle\int\frac{x\mathrm{d}x}{\sqrt{1+x^2}}=$ ( )

A. $\arctan x+C$　　B. $\ln|x+\sqrt{1+x^2}|+C$

C. $\sqrt{1+x^2}+C$　　D. $\dfrac{1}{2}\ln(1+x^2)+C$

5. 设在 $[0,1]$ 上 $f''(x)>0$,则 $f'(0), f'(1)$,$f(1)-f(0)$ 或 $f(0)-f(1)$ 几个数的大小顺序 ( )

A. $f'(1)>f'(0)>f(1)-f(0)$　　B. $f'(1)>f(1)-f(0)>f'(0)$

C. $f(1)-f(0)>f'(1)>f'(0)$　　D. $f'(1)>f(0)-f(1)>f'(0)$

二、填空题(每题 3 分,共 15 分)

1. 当 $a=$________时,函数 $f(x)=\begin{cases}e^x & x>0\\ a+x & x\leqslant 0\end{cases}$ 在$(-\infty,+\infty)$内连续.

2. d________ $=\dfrac{1}{x^2+1}\mathrm{d}x$.

3. $\lim\limits_{x\to 2}\dfrac{\ln\left[\arctan\left(\dfrac{2}{x}\right)\right]}{\sqrt{4x+1}-x}=$____________.

4. $\displaystyle\int_{-1}^{1}\frac{x\arctan(x^2)}{1+x^2}\mathrm{d}x=$____________.

5. 已知 $y=1, y=x, y=x^2$ 是某二阶非齐次线性微分方程的三个解,则该方程的通解为____________.

三、计算题(每题 6 分,共 42 分)

1. $\lim\limits_{x\to\frac{\pi}{2}}\dfrac{\ln\sin x}{(\pi-2x)^2}$.

2. $\lim\limits_{x\to 0}\dfrac{\int_0^{x^2}e^{t^2}\,dt}{x^2}$.

3. 已知 $y=\sqrt[5]{\dfrac{x-5}{\sqrt[5]{x^2+1}}}$,求 y'.

4. $\int_0^1 e^{\sqrt{x}}\,dx$.

5. $\int\dfrac{1}{x(x^2+1)}\,dx$.

6. $\int_0^1\left|x(2x-1)\right|\,dx$.

7. 已知 $\begin{cases} x = t^2 \\ y = t\sin t \end{cases}$，计算 $\frac{\mathrm{d}x}{\mathrm{d}y}$ 及 $\frac{\mathrm{d}^2 x}{\mathrm{d}y^2}$.

四、应用题(每题 7 分，共 14 分)

1. 确定函数 $y = 2x^3 - 6x^2 - 18x - 7$ 的单调区间及其凹凸区间.

2. 求出抛物线 $y^2 = x$ 与直线 $y = x^2$ 所围成的图形的面积.

五、证明题(每题 7 分,共 14 分)

1. 若函数 $f(x)$ 在 $[0,1]$ 上连续,证明:$\int_0^{\pi} xf(\sin x)\mathrm{d}x = \frac{\pi}{2}\int_0^{\pi} f(\sin x)\mathrm{d}x$,并计算 $\int_0^{\pi} \frac{x\sin x}{1+\cos^2 x}\mathrm{d}x$.

2. 证明方程 $x^5 + 5x - 1 = 0$ 在区间$(0,1)$内有唯一根.

高等数学(上)模拟试卷 3

一、填空题(每题 3 分,共 15 分)

1. 设 $f(x)$ 的定义域为$[0,1]$,则 $f(\ln x)$ 的定义域为________.

2. 设函数 $f(x)=\begin{cases}x^2, & x\leqslant 1\\ ax+b, & x>1\end{cases}$,为了使函数在 $x=1$ 处可导,则 $a=$________,$b=$________.

3. 设 $y=(1+x^2)\arctan x$, 则 $y'=$________.

4. $y=\ln\ln x$,则 $y'=$________.

5. $\int_{-1}^{1}\frac{\arcsin x}{1+x^4}\mathrm{d}x=$________.

二、填空题(每题 3 分,共 15 分)

1. 设数列 x_n 与 y_n 满足 $\lim\limits_{n\to\infty}x_ny_n=0$,则下面断言正确的是 ( )

   A. 若 x_n 发散,则 y_n 必发散

   B. 若 x_n 无界,则 y_n 必无界

   C. 若 x_n 有界,则 y_n 必为无穷小

   D. 若 $\frac{1}{x_n}$ 为无穷小,则 y_n 必为无穷小

2. 设函数 $f(x)=x|x|$,则 $f(x)$ 在 $x=0$ 点处 ( )

   A. 可导　　B. 不连续

   C. 连续但不可导　　D. 不可微

3. 函数 $f(x)=3x^2-x^3$ 的极值点个数为 ( )

   A. 0　　B. 1

   C. 2　　D. 3

4. 若 $F'(x)=f(x)$, 则 $\mathrm{d}\left(\int f(-x)\mathrm{d}x\right)=$ ( )

   A. $-f(-x)\mathrm{d}x$　　B. $f(-x)\mathrm{d}x$

   C. $-F(-x)\mathrm{d}x$　　D. $F(-x)\mathrm{d}x$

5. 设在 $[a,b]$ 上 $f(x)>0,f'(x)<0,f''(x)>0$, 令 $S_1=\int_a^b f(x)\mathrm{d}x,S_2=f(b)(b-a),S_3=\frac{1}{2}[f(b)+f(a)](b-a)$, 则 ( )

   A. $S_1<S_2<S_3$　　B. $S_2<S_1<S_3$

   C. $S_3<S_1<S_2$　　D. $S_2<S_3<S_1$

三、计算下列各题(每题 7 分,共 28 分)

1. 设函数 $f(x)=\begin{cases}x\sin\dfrac{1}{x}, & x>0\\ a+x^2, & x\leqslant 0\end{cases}$,要使函数 $f(x)$ 在 $(-\infty,+\infty)$ 内连续,应当怎样选择数 a?

2. 设 $y=\ln(\sec x+\tan x)$,求 $\dfrac{\mathrm{d}y}{\mathrm{d}x}$.

3. 计算 $\lim\limits_{x\to 0}\dfrac{\int_0^x \mathrm{e}^{t^2}\,\mathrm{d}t}{x}$.

4. $\lim\limits_{x\to\infty}\left(\dfrac{x+4}{x-1}\right)^{x+1}$.

四、计算下列各题(每题 8 分,共 32 分)

1. $\int \arctan\sqrt{x}\,\mathrm{d}x$;

2. $\int \frac{1}{x^2\sqrt{x^2+3}}\mathrm{d}x$.

3. $\int_0^1 \frac{1}{\sqrt{x}+1}\mathrm{d}x$.

4. 计算由 $y=\frac{1}{x}$,与直线 $y=x$ 以及 $x=2$ 所围成的平面图形的面积.

五、综合题(10 分)

设 $f(x)$ 可微，f 的图像如图. $f(0)=0$，f 在 $x=-1$，$x=1$，$x=2$ 处有水平切线 A，B，C，D 部分面积分别为 5，4，5，3. g 为 f 的一个原函数，且 $g(3)=7$.

(1) 求 g 在 $(-3,3)$ 内的极大值点；

(2) 求 g 在 $(-3,3)$ 内的凹凸区间；

(3) 求 $\lim\limits_{x\to 0}\dfrac{g(x)+1}{2x}$；

(4) 设 $h(x)=3f(2x+1)+4$，求 $\int_{-2}^{1}h(x)\mathrm{d}x$.

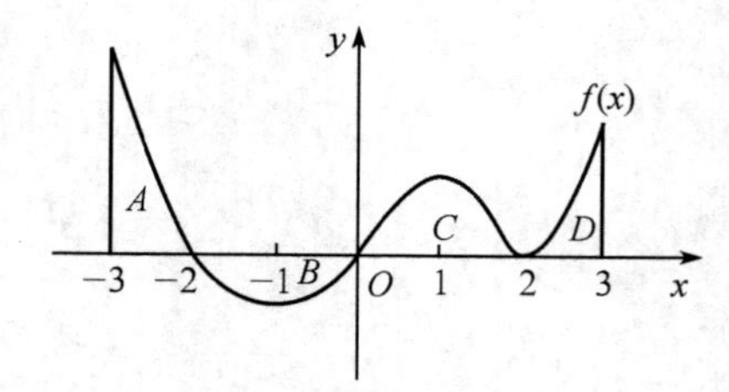

高等数学(上)模拟试卷 4

一、填空题(每题 3 分,共 15 分)

1. $\lim\limits_{x\to\infty}\dfrac{3x^2-2x-1}{2x^3-x^2+5}=$ ____________.

2. 设函数 $y(x)$ 是由方程 $e^x-e^y=\sin(xy)$ 所确定,则 $y'|_{x=0}=$ ____________.

3. 如 $f(x)=2x^2+3x+4$,则适合等式 $f(4)-f(2)=f'(\xi)(4-2)$ 的 $\xi=$ ____________.

4. 如 $\int xf(x)\mathrm{d}x=\ln x+C$,则 $f(x)=$ ____________.

5. $\int_{-1}^{1}(x^{10}\sin x+|x|)\mathrm{d}x=$ ____________.

二、选择题(每题 3 分,共 15 分)

1. 若 $f(x)=f(-x)$,且在 $(0,\infty)$ 内 $f'(x)>0,f''(x)>0$,则 $f(x)$ 在 $(-\infty,0)$ 内必有 ( )

A. $f'(x)<0,f''(x)<0$

B. $f'(x)<0,f''(x)>0$

C. $f'(x)>0,f''(x)<0$

D. $f'(x)>0,f''(x)>0$

2. 在下列极限中,正确的是 ( )

A. $\lim\limits_{x\to\infty}\dfrac{\sin 2x}{x}=2$　　B. $\lim\limits_{x\to+\infty}\dfrac{\arctan x}{x}=1$

C. $\lim\limits_{x\to\infty}\dfrac{x^2-4}{x-2}=4$　　D. $\lim\limits_{x\to 0^+}x^x=1$

3. 定积分 $\int_0^2|x-1|\mathrm{d}x=$ ( )

A. 0　　B. 2

C. -1　　D. 1

4. 直线 L 与 x 轴平行,且与曲线 $y=x-e^x$ 相切,则切点坐标是 ( )

A. $(1,1)$　　B. $(-1,1)$

C. $(0,-1)$　　D. $(0,1)$

5. 设 $y=f(x)$ 为方程 $\dfrac{\mathrm{d}y}{\mathrm{d}x}=ky$ 的解,其中 k 为常数且 $f(0)=4,f(2)=12$,则 $f(x)=$ ( )

A. $4e^{\frac{x}{2}\ln 3}$　　B. $e^{\frac{x}{2}\ln 9}+3$　　C. $2x^2+4$　　D. $4x+4$

三、计算题(每题 8 分,共 24 分)

1. $\lim\limits_{x\to 0}[1+\ln(1+x)]^{\frac{2}{x}}$.

2. $\lim\limits_{x\to 0}\left(\frac{1}{\sin^2 x}-\frac{\cos^2 x}{x^2}\right)$.

3. 若 $\lim\limits_{x\to 0}\frac{\sin x(\cos x-b)}{e^x-a}=5$,求 a,b 的值.

四、计算题(每题 8 分,共 16 分)

1. $\int \frac{\ln x - 1}{x^2} \mathrm{d}x$.

2. $\int \frac{\arcsin \sqrt{x}}{\sqrt{x}} \mathrm{d}x$.

五、应用题(每题 8 分,共 24 分)

1. 设 $a > 1$, $f(t) = a^t - at$ 在 $(-\infty, \infty)$ 内的驻点为 $t(a)$,问 a 为何值时 $t(a)$ 最小,并求最小值.

2. 求函数 $f(x) = x^3 - 3x^2 - 9x + 1$ 的单调区间,凹凸区间,极值和拐点.

3. 曲线 $y=x^3$，直线 $x=1$ 和 x 轴所围平面区域绕下列指定轴旋转一周所得立体体积：

(1) x 轴；(2) y 轴；(3) 直线 $x=1$.

六、证明题(6 分)

证明：当 $0<x<\frac{\pi}{2}$ 时有：$\sin x<\frac{2}{\pi}x$.

高等数学(上)模拟试卷 5

一、选择题(每题 3 分,共 15 分)

1. 设 $f(x)=x\arctan\dfrac{1}{x}$,则 $x=0$ 是 $f(x)$ 的 ( )

   A. 可去间断点　　B. 跳跃间断点

   C. 连续点　　D. 第二类间断点

2. 当 $x\to 0$ 时,下列无穷小中与 $1-\cos x$ 等价的是 ( )

   A. x　　B. $\dfrac{1}{2}x$

   C. x^2　　D. $\dfrac{1}{2}x^2$

3. 极限 $\lim\limits_{x\to\infty}\left(\dfrac{2x-1}{2x+1}\right)^{2x-1}$ 的值是 ( )

   A. 1　　B. e^{-2}　　C. $\mathrm{e}^{-\frac{1}{2}}$　　D. e

4. 曲线 $y=\mathrm{e}^{1-x^2}$ 与直线 $x=-1$ 的交点为 P,则曲线在点 P 处的切线方程是 ( )

   A. $2x-y+2=0$　　B. $2x+y+1=0$

   C. $2x-y-3=0$　　D. $2x-y+3=0$

5. 设 $f(x)=\begin{cases}\dfrac{\sin x}{x}, x<0\\ ax+b, x>0\end{cases}$ 是连续函数,则 a,b 满足 ( )

   A. a 为任意实数,$b=1$　　B. $a=1,b=0$

   C. $a=0,b=-1$　　D. $a=0,b=0$

二、填空题(每题 3 分,共 15 分)

1. $\displaystyle\int\left(\sqrt{x}+\frac{1}{\sqrt{x}}\right)\mathrm{d}x=$ ____________.

2. 设 $y=x\mathrm{e}^{2x}$,则 $y''=$ ____________.

3. 设 $F(x)=\displaystyle\int_{\phi(x)}^{3}\sin t^2\,\mathrm{d}t$,其中 $\phi(x)$ 处处可导,则 $F'(x)=$ ____________.

4. 设 $f(x)$ 在 $x=2$ 处可导,且 $f'(2)=1$,则 $\lim\limits_{h\to 0}\dfrac{f(2+3h)-f(2+2h)}{h}=$ ____________.

5. 定积分 $\displaystyle\int_{-1}^{1}(x^3\cos x-|x|)\mathrm{d}x=$ ____________.

三、解答下列各题(每题 5 分,共 20 分)

1. 求极限 $\lim\limits_{x\to\frac{\pi}{2}}\left(x-\frac{\pi}{2}\right)\cot 2x$.

2. 设 $y=3x^3-\log_{10}x+\tan x$,求 $\mathrm{d}y$.

3. 求$\int\csc^2 x\cdot\tan^2 x\mathrm{d}x$.

4. 证明:函数 $y=\arctan x-x$ 是单调减少的.

四、解答下列各题(每题 7 分,共 28 分)

1. 设参数方程 $\begin{cases} x = t^2 + \sin t \\ y = e^t \cos t \end{cases}$ 确定了函数 $y = y(x)$,求 $y'(x)$.

2. 证明:若 $f''(x)$ 为 $[a,b]$ 上连续函数,$a < b$,则

$$\int_a^b x f''(x) \mathrm{d}x = [bf'(b) - f(b)] - [af'(a) - f(a)].$$

3. 求 $\int \frac{\mathrm{d}x}{\sqrt{1 + e^x}}$.

4. 设 $f(x)$ 满足方程 $f(x) = x^2 + \int_1^x \frac{f(t)}{t} \mathrm{d}t$,$(x > 0)$,求 $f(x)$.

五、(8 分)设当 $x \to x_0$ 时，$\alpha(x)$ 和 $\beta(x)$ 都是无穷小，且 $\alpha(x)-\beta(x) \neq 0$，证明当 $x \to x_0$ 时，$e^{\alpha(x)}-e^{\beta(x)}$ 与 $\alpha(x)-\beta(x)$ 是等价无穷小.

六、(14 分) f 在$[-1,4]$上连续，图像如下图 $g(x)=5+\int_2^x f(t)\mathrm{d}t(-1 \leqslant x \leqslant 4)$.

(1) 求 $g(4)$；

(2) 求 g 的增区间；

(3) 求 g 在$[-1,4]$内的最大值和最小值；

(4) 设 $h(x)=xg(x)$，求 $h'(2)$.

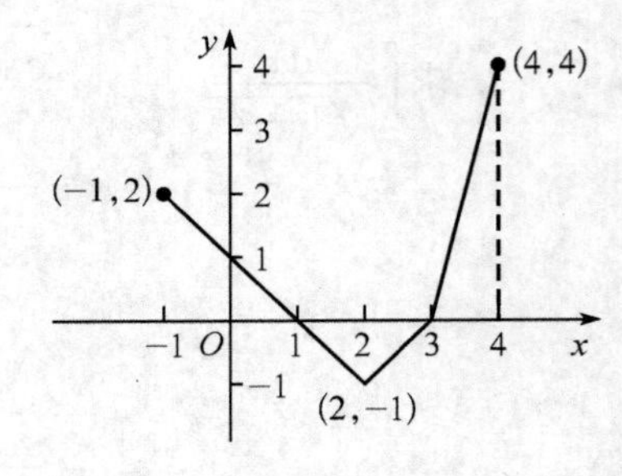

参考答案

高等数学(上)模拟试卷 1 答案

一、选择题

1. A　2. D　3. B　4. C　5. B

二、填空题

1. 1　2. -1　1　3. 2007!　4. $\frac{\sqrt{2}}{2}$　5. $2\arcsin x+\sqrt{1-x^2}+C$

三、计算题

1. 解：$\lim\limits_{x\to 0}\dfrac{e^x-1-x}{x^2}=\lim\limits_{x\to 0}\dfrac{e^x-1}{2x}=\lim\limits_{x\to 0}\dfrac{e^x}{2}=\dfrac{1}{2}$.

2. 解：$\lim\limits_{x\to 0}\dfrac{\sqrt{1+\sin^2 x}-1}{x\tan x}=\lim\limits_{x\to 0}\dfrac{\sin^2 x}{x\tan x(\sqrt{1+\sin^2 x}+1)}=\lim\limits_{x\to 0}\dfrac{1}{\sqrt{1+\sin^2 x}+1}=$ $\dfrac{1}{2}$.

3. 解：$y=\dfrac{\sin 2x}{\cos x}=\dfrac{2\sin x\cos x}{\cos x}=2\sin x, y'=(2\sin x)'=2\cos x$.

4. 解：$y=\ln\left(\dfrac{x}{x^2+1}\right)=\ln x-\ln(x^2+1), y'=[\ln x-\ln(x^2+1)]'=\dfrac{1}{x}-\dfrac{2x}{x^2+1}$.

5. 解：设 $y_1=x^2\arcsin\left(\dfrac{x}{2}\right), y_2=\dfrac{1}{x}\arctan\sqrt{x}$，则

$$(y_1)'=2x\arcsin\left(\frac{x}{2}\right)+x^2\cdot\frac{1}{\sqrt{1-\left(\frac{x}{2}\right)^2}}\cdot\frac{1}{2},$$

$$(y_2)'=\left(-\frac{1}{x^2}\right)\arctan\sqrt{x}+\frac{1}{x}\cdot\frac{1}{1+(\sqrt{x})^2}\cdot\frac{1}{2\sqrt{x}},$$

所以 $y'=(y_1)'+(y_2)'=2x\arcsin\dfrac{x}{2}+\dfrac{x^2}{\sqrt{4-x^2}}-\dfrac{\arctan\sqrt{x}}{x^2}+\dfrac{1}{2x\sqrt{x}(1+x)}$.

6. 解：$y'(t)=(1-\cos t)'=\sin t, x'(t)=(t-\sin t)'=1-\cos t, \dfrac{dy}{dx}=\dfrac{\sin t}{1-\cos t}$,

$\dfrac{d^2y}{dx^2}=\dfrac{d}{dt}\left(\dfrac{\sin t}{1-\cos t}\right)\cdot\dfrac{dt}{dx}=\dfrac{\cos t(1-\cos t)-\sin t\sin t}{(1-\cos t)^2}\cdot\dfrac{1}{1-\cos t}=-\dfrac{1}{(1-\cos t)^2}$.

四、计算题

1. 解：$\int \frac{x+3}{x^2+1}\mathrm{d}x=\int \frac{x}{x^2+1}\mathrm{d}x+\int \frac{3}{x^2+1}\mathrm{d}x=\frac{1}{2}\int \frac{\mathrm{d}x^2}{x^2+1}+\int \frac{3\mathrm{d}x}{x^2+1}=\frac{1}{2}\ln(x^2+1)+3\arctan x+C.$

2. 解：
$$\int \frac{x^3}{\sqrt{9-x^2}}\mathrm{d}x=\frac{1}{2}\int \frac{x^2}{\sqrt{9-x^2}}\mathrm{d}x^2=\frac{1}{2}\int \frac{x^2-9+9}{\sqrt{9-x^2}}\mathrm{d}x^2$$
$$=\frac{1}{2}\left[-\int \sqrt{9-x^2}\mathrm{d}x^2+\int \frac{9}{\sqrt{9-x^2}}\mathrm{d}x^2\right]$$
$$=\frac{1}{3}\sqrt{(9-x^2)^3}-9\sqrt{9-x^2}+C.$$

另法：令 $x=3\sin t$，则
$$\int \frac{x^3}{\sqrt{9-x^2}}\mathrm{d}x=\int \frac{(\sin t)^3}{3\cos t}\cdot 3\cos t\mathrm{d}t=27\int \sin^3 t\mathrm{d}t=-27\int (1-\cos^2 t)\mathrm{d}\cos t$$
$$=-27\left(\cos t-\frac{1}{3}\cos^3 t\right)+C=-9\sqrt{9-x^2}+\frac{1}{3}\sqrt{(9-x^2)^3}+C.$$

3. 解：$\int_{-\frac{\pi}{2}}^{\frac{\pi}{2}}\sqrt{\cos x-\cos^3 x}\mathrm{d}x=\int_{-\frac{\pi}{2}}^{\frac{\pi}{2}}\sqrt{\cos x(1-\cos^2 x)}\mathrm{d}x=\int_{-\frac{\pi}{2}}^{\frac{\pi}{2}}\sqrt{\cos x\sin^2 x}\mathrm{d}x$

$=\int_{-\frac{\pi}{2}}^{\frac{\pi}{2}}\sqrt{\cos x}\,|\sin x|\,\mathrm{d}x=\int_{-\frac{\pi}{2}}^{0}\sqrt{\cos x}\mathrm{d}\cos x-\int_{0}^{\frac{\pi}{2}}\sqrt{\cos x}\mathrm{d}\cos x=\frac{4}{3}.$

4. 解：$\int_2^8 \frac{1}{\sqrt{x}(\sqrt{x}+1)}\mathrm{d}x=2\int_2^8 \frac{1}{\sqrt{x}+1}\mathrm{d}\sqrt{x}=2\int_2^8 \frac{1}{\sqrt{x}+1}\mathrm{d}(\sqrt{x}+1)=2\ln\frac{2\sqrt{2}+1}{\sqrt{2}+1}.$

五、解 设切点的坐标为 (m,n)，则切线的方程为 $y=-2mx+2m^2+n$，切线在 x 轴、y 轴上的截距分别为 $a=\frac{m^2+1}{2m}$，$b=m^2+1$，切线与两个坐标轴所围成的三角形的面积
$$S=\frac{1}{2}ab=\frac{m^4+2m^2+1}{4m}$$
令 $S'=0$ 得唯一驻点 $m=\frac{\sqrt{3}}{3}$，故面积 S 的最小值为 $S\left(\frac{\sqrt{3}}{3}\right)=\frac{4\sqrt{3}}{9}.$

六、解：平面图形面积
$$S=\int_0^2 x^2\mathrm{d}x=\frac{1}{3}x^3\Big|_0^2=\frac{8}{3},$$
旋转体的体积
$$V=\pi\int_0^2 (x^2)^2\mathrm{d}x=\pi\frac{1}{5}x^5\Big|_0^2=\frac{32}{5}\pi.$$

七、解：两边关于 x 求导，得 $f^{-1}(f(x))f'(x)=x\frac{\cos x-\sin x}{\sin x+\cos x}$，则
$$f'(x)=\frac{\cos x-\sin x}{\sin x+\cos x}$$

故

$$f(x)=\int f'(x)\mathrm{d}x=\int\frac{\cos x-\sin x}{\sin x+\cos x}\mathrm{d}x=\ln|\sin x+\cos x|+C$$

由题设知，$f(0)=0$，于是 $C=0$，因此 $f(x)=\ln|\sin x+\cos x|$.

高等数学(上)模拟试卷 2 答案

一、选择题

1. B　2. C　3. B　4. C　5. B

二、填空题(共 20 分，每空 2 分)

1. 1　2. $\arctan x+C$　3. $\ln(\pi/4)$　4. 0　5. $y=C_1(x-1)+C_2(x^2-1)+1$(C_1、C_2 为任意常数)

三、计算题

1. 解：原式$=\lim\limits_{x\to\frac{\pi}{2}}\dfrac{\dfrac{\cos x}{\sin x}}{2(\pi-2x)(-2)}=\lim\limits_{x\to\frac{\pi}{2}}\dfrac{1}{-4}\cdot\dfrac{-\sin x}{-2}=-\dfrac{1}{8}$.

2. 解：原式 $=\lim\limits_{x\to0}\dfrac{e^{x^4}2x}{2x}=1$.

3. 解：$\ln y=\dfrac{1}{5}\left[\ln(x-5)-\dfrac{1}{5}\ln(x^2+1)\right]$,

$\dfrac{y'}{y}=\dfrac{1}{5}\left(\dfrac{1}{x-5}-\dfrac{1}{5}\dfrac{2x}{x^2+1}\right)$,

$y'=\dfrac{y}{5}\left(\dfrac{1}{x-5}-\dfrac{1}{5}\dfrac{2x}{x^2+1}\right)=\dfrac{1}{5}\left[\dfrac{1}{x-5}-\dfrac{2x}{5(x^2+1)}\right]\sqrt[5]{\dfrac{x-5}{\sqrt[5]{x^2+1}}}$.

4. 解：原式$\overset{x=t^2}{=\!=}\displaystyle\int_0^1 e^t 2t\mathrm{d}t=2\int_0^1 t\mathrm{d}e^t=2\left[te^t\big|_0^1-\int_0^1 e^t\mathrm{d}t\right]=2$.

5. 解：原式 $=\displaystyle\int\frac{1}{x^3(1+x^{-2})}\mathrm{d}x=-\frac{1}{2}\int\frac{\mathrm{d}(x^{-2})}{1+x^{-2}}=-\frac{1}{2}\ln(1+x^{-2})+C$.

6. 解：原式$=\displaystyle\int_0^{\frac{1}{2}}x(1-2x)\mathrm{d}x+\int_{\frac{1}{2}}^1 x(2x-1)\mathrm{d}x=\frac{1}{4}$.

7. 解：因为 $\dfrac{\mathrm{d}x}{\mathrm{d}y}=\dfrac{2t}{t\cos t+\sin t}$，所以

$$\frac{\mathrm{d}^2x}{\mathrm{d}y^2}=\frac{\mathrm{d}}{\mathrm{d}y}\left(\frac{2t}{t\cos t+\sin t}\right)=\frac{\mathrm{d}}{\mathrm{d}t}\left(\frac{2t}{t\cos t+\sin t}\right)\frac{1}{t\cos t+\sin t}$$

$$=\frac{2(t\cos t+\sin t)-2t(-t\sin t+2\cos t)}{(t\cos t+\sin t)^3}=\frac{-2t\cos t+2\sin t+2t^2\sin t}{(t\cos t+\sin t)^3}.$$

四、应用题

1. 解：$y'=6x^2-12x-18=6(x+1)(x-3)$，令 $y'=0$，得驻点 $x_1=-1$，$x_2=3$.

当 $x\in(-\infty,-1)$ 或$[3,+\infty)$，$y'>0$，函数 y 单调递增；

当 $x\in(-1,3)$ 时，$y'<0$，函数 y 单调递减；

又 $y''=12x-12=12(x-1)$，令 $y''=0$，得 $x_3=1$.

当 $x\in(-\infty,1)$ 时，$y''<0$，函数 y 时凸的；当 $x\in[1,+\infty)$ 时，$y''>0$，函数 y 时凹的.

2. 解：$\mathrm{d}A=(\sqrt{x}-x^2)\mathrm{d}x$，$A=\int_0^1(\sqrt{x}-x^2)\mathrm{d}x=\dfrac{1}{3}$.

五、证明题

1. 证明：$\int_0^\pi xf(\sin x)\mathrm{d}x\xlongequal{x=\pi-t}\int_\pi^0(\pi-t)f[\sin(\pi-t)]\mathrm{d}(\pi-t)$

$$=-\int_\pi^0(\pi-t)f(\sin t)\mathrm{d}t=\int_0^\pi(\pi-t)f(\sin t)\mathrm{d}t=\pi\int_0^\pi f(\sin t)\mathrm{d}t-\int_0^\pi tf(\sin t)\mathrm{d}t,$$

所以 $\int_0^\pi tf(\sin t)\mathrm{d}t=\dfrac{\pi}{2}\int_0^\pi f(\sin t)\mathrm{d}t$，并且

$$\int_0^\pi x\frac{\sin x}{1+(\cos x)^2}\mathrm{d}x=\frac{\pi}{2}\int_0^\pi\frac{\sin x}{1+(\cos x)^2}\mathrm{d}x=\frac{\pi}{2}\arctan(\cos x)\Big|_0^\pi=\frac{\pi^2}{4}.$$

2. 证明：令 $f(x)=x^5+5x-1$，则 $f(0)=-1<0$，$f(1)=5>0$，所以 $f(x)=0$ 在 $(0,1)$ 内至少有一根；又设 $f(x)=0$ 在 $(0,1)$ 内有两个根 x_1,x_2，即

$$f(x_1)=f(x_2)=0,$$

由罗尔定理得在 $(0,1)$ 内存在一点 $\xi\in(0,1)$ 使得 $f'(\xi)=5(\xi^4+1)=0$，这是不可能的. 从而，$f(x)=0$ 在 $(0,1)$ 内只有一个根.

高等数学(上)模拟试卷3答案

一、填空题

1. $[1,\mathrm{e}]$　2. 2　-1　3. $2x\arctan x+1$　4. $\dfrac{1}{x\ln x}$　5. 0

二、选择题

1. D　2. A　3. C　4. B　5. B

三、计算题

1. 解：如果 $f(x)$ 在 $x=0$ 处连续，则函数 $f(x)$ 在 $(-\infty,+\infty)$ 内连续，且

$$f(0^+)=\lim_{x\to+0}f(x)=\lim_{x\to+0}x\sin\frac{1}{x}=0$$

$$f(0^-)=\lim_{x\to-0}(a+x^2)=a=f(0)$$

因为 $f(0^+)=f(0^-)$，所以 $a=0$.

2. 解：$y'=\dfrac{(\sec x+\tan x)'}{\sec x+\tan x}=\dfrac{\sec x\tan x+\sec^2 x}{\sec x+\tan x}=\sec x$.

3. 解：原式 $= \lim\limits_{x\to 0}\dfrac{e^{x^2}}{1} = 1.$

4. 解：原式 $= \lim\limits_{x\to\infty}\left(1+\dfrac{5}{x-1}\right)^{x+1} = \lim\limits_{x\to\infty}\left(1+\dfrac{5}{x-1}\right)^{\frac{x-1}{5}\cdot\left(\frac{5(x+1)}{x-1}\right)} = e^5.$

四、计算题

1. 解：原式 $\overset{x=t^2}{=\!=\!=} \int 2t\arctan t\,dt = t^2\arctan t - \int\dfrac{t^2}{1+t^2}dt = t^2\arctan t - t + \arctan t + C$

$= x\arctan\sqrt{x} - \sqrt{x} + \arctan\sqrt{x} + c.$

2. 解：做变量代换 $x=\sqrt{3}\tan t$，则 $dx = \sqrt{3}\sec^2 t\,dt$，故

$$\int\frac{dx}{x^2\sqrt{3+x^2}} = \int\frac{\sqrt{3}\sec^2 t}{3\tan^2 t\cdot\sqrt{3}\sec t}dt = \int\frac{\cos t}{3\sin^2 t}dt$$

$$= \frac{1}{3}\int\frac{1}{\sin^2 t}d\sin t = -\frac{1}{3\sin t} + C = -\frac{\sqrt{3+x^2}}{3x} + C.$$

3. 解：令 $\sqrt{x} = t, x = t^2, dx = 2t\,dt$，

$$\int_0^1\frac{1}{\sqrt{x}+1}dx = \int_0^1\frac{2t}{t+1}dt = \int_0^1 2dt - \int_0^1\frac{2}{t+1}dt = 2-2\ln 2.$$

4. 解：面积 $A = \int_1^2\left(x-\dfrac{1}{x}\right)dx = \dfrac{1}{2}x^2 - \ln x\Big|_1^2 = \dfrac{3}{2} - \ln 2.$

五、综合题

解：(1) g 在 $x=-2$ 处取得极大值，这是由于 $g'=f$，g 在 $(-3,2)$ 内单调递增，在 $(-2,0)$ 内单调递减.

(2) 在 $(-1,1)$ 和 $(2,3)$ 内凹，在 $(-3,-1)$ 和 $(1,2)$ 内凸.

(3) g 在 $x=0$ 处连续，$\lim\limits_{x\to 0}g(x) = g(0)$

又 $g(3) = g(0) + \int_0^3 f(x)dx$，故 $g(0) = g(3) - \int_0^3 f(x)dx = 7-(5+3) = -1$

$\lim\limits_{x\to 0}(g(x)+1) = 0 \quad \lim\limits_{x\to 0}2x = 0$

由洛必达法则

$$\lim_{x\to 0}\frac{g(x)+1}{2x} = \lim_{x\to 0}\frac{g'(x)}{2} = \lim_{x\to 0}\frac{f(x)}{2} = 0$$

(4) $\int_{-2}^1 h(x)dx = \int_{-2}^1[3f(2x+1)+4]dx = \dfrac{3}{2}\int_{-3}^3 f(u)du + 4\times 3$

$$= \frac{3}{2}\times(5-4+5+3)+12 = \frac{51}{2}$$

高等数学(上)模拟试卷 4 答案

一、填空题

1. 0　2. 1　3. 1　4. $\dfrac{1}{x^2}$　5. 1

二、选择题

1. B 2. D 3. D 4. C 5. A

三、计算题

1. 解：$\lim\limits_{x\to 0}\ln(x+1)\dfrac{2}{x}=2, I=\mathrm{e}^2$.

2. 解：$I=\lim\limits_{x\to 0}\dfrac{x^2-\frac{1}{4}\sin^2 2x}{x^2\sin^2 x}=\lim\limits_{x\to 0}\dfrac{x^2-\frac{1}{4}\sin^2 2x}{x^4}=\lim\limits_{x\to 0}\dfrac{2x-\frac{1}{2}\sin 4x}{4x^3}$

$$=\lim_{x\to 0}\frac{2-2\cos 4x}{12x^2}=\lim_{x\to 0}\frac{1-\cos 4x}{6x^2}=\lim_{x\to 0}\frac{\frac{1}{2}(4x)^2}{6x^2}=\frac{4}{3}.$$

3. 解：$\lim\limits_{x\to 0}(\mathrm{e}^x-a)=0, a=1, \lim\limits_{x\to 0}\dfrac{\sin x(\cos x-b)}{(\mathrm{e}^x-1)}=5\Rightarrow\lim\limits_{x\to 0}(\cos x-b)$ $=5\Rightarrow b=-4$.

四、计算题

1. 解：$I=\int(\ln x-1)\mathrm{d}\left(-\dfrac{1}{x}\right)=\dfrac{1-\ln x}{x}+\int\dfrac{1}{x^2}\mathrm{d}x=-\dfrac{\ln x}{x}+C$.

2. 解：$I=2\int\arcsin\sqrt{x}\,\mathrm{d}\sqrt{x}=2\left(\sqrt{x}\arcsin\sqrt{x}-\int\sqrt{x}\dfrac{1}{\sqrt{1-x}}\dfrac{1}{2\sqrt{x}}\mathrm{d}x\right)$

$$=2(\sqrt{x}\arcsin\sqrt{x}+\sqrt{1-x})+C.$$

五、应用题

1. 解：$f'(t)=a^t\ln a-a, f'(t)=0\Rightarrow t(a)=1-\dfrac{\ln\ln a}{\ln a}$ (唯一驻点)，又

$$t'(a)=\frac{(\ln\ln a-1)}{a(\ln a)^2}, t'(a)=0\Rightarrow a=\mathrm{e}^{\mathrm{e}}$$

且 $a>\mathrm{e}, t'(a)>o, a<\mathrm{e}, t'(a)>0$，所以 $a=\mathrm{e}^{\mathrm{e}}$ 为唯一极小值点，且为最小值，最小值是 $t(\mathrm{e}^{\mathrm{e}})=\dfrac{1}{\mathrm{e}}$.

2. 解：因为

$$f'(x)=3(x-3)(x+1), f'(x)=0\Rightarrow x=3, x=-1$$

且 $x>3$ 或 $x<-1, f'(x)>0, f(x)$ 在区间 $(-\infty,-1)$ 和 $(3,+\infty)$ 上单调上升，而当 $-1<x<3$ 时，$f'(x)<0, f(x)$ 在区间 $(-1,3)$ 内单调下降.

所以 $f(x)$ 在 $x=-1$ 处取得极大值，极大值 $f(-1)=6$，$f(x)$ 在 $x=3$ 处取得极小值，极小值 $f(3)=-26$. 另外，因为

$$f''(x)=6(x-1), f''(x)=0\Rightarrow x=1, f''(x)>0, x>1, f''(x)<0, x<1$$

所以 $f(x)$ 在区间 $(-\infty,1)$ 上为凸的，在区间 $(1,\infty)$ 上为凹，$(1,-10)$ 为拐点.

3. 解：$V_x=\pi\int_0^1(x^3)^2\mathrm{d}x=\dfrac{\pi}{7}$,

$$V_y = 2\pi\int_0^1 xf(x)\mathrm{d}x = 2\pi\int_0^1 x^4\mathrm{d}x = \frac{2\pi}{5}$$

$$V_{x=1} = 2\pi\int_0^1 (1-x)f(x)\mathrm{d}x = 2\pi\int_0^1 (1-x)x^3\mathrm{d}x = \frac{\pi}{10}$$

六、证明题

证明:记 $f(x) = \frac{\sin x}{x}$,则 $f'(x) = \frac{x\cos x - \sin x}{x^2}$,再记

$$g(x) = x\cos x - \sin x$$

则当 $0 < x < \frac{\pi}{2}$ 时,$g'(x) = -x\sin x < 0$,从而 $g(x)$ 在 $\left(0,\frac{\pi}{2}\right)$ 上单调下降.因此 $g(x) < g(0) = 0$,故 $f'(x) < 0$,$f(x)$ 在 $\left(0,\frac{\pi}{2}\right)$ 上也单调下降. 所以

$$f(x) > f(\frac{\pi}{2}) \Rightarrow \frac{\sin x}{x} > \frac{1}{\frac{\pi}{2}},$$

即

$$\sin x > \frac{2\pi}{x}.$$

高等数学(上)模拟试卷5答案

一、选择题

1. A　2. D　3. B　4. D　5. A

二、填空题

1. $\frac{2}{3}x^{\frac{3}{2}} + 2\cdot x^{\frac{1}{2}} + C$　2. $y'' = 4\mathrm{e}^{2x} + 4x\mathrm{e}^{2x}$　3. $-\varphi'(x)\sin[\varphi(x)]^2$　4. 1　5. -1

三、1. 解:原式 $\lim\limits_{x\to\frac{\pi}{2}} \frac{x-\frac{\pi}{2}}{\tan 2x} = \lim\limits_{x\to\frac{\pi}{2}} \frac{1}{2\sec^2 2x} = \frac{1}{2}$.

2. 解:$y' = 9x^2 - \frac{1}{x\ln 10} + \sec^2 x$.

3. 解:$\int \csc^2 x\cdot\tan^2 x\mathrm{d}x = \int \sec^2 x\mathrm{d}x = \tan x + c$.

4. 解:函数连续区间 $(-\infty, +\infty)$,$y' = \frac{-x^2}{1+x^2}$,当且仅当 $x = 0$ 时,$y' = 0$,即在 $(-\infty,0)$ 及 $(0,+\infty)$ 内 $y' < 0$,故函数在 $(-\infty,+\infty)$ 内单调减.

四、1. 解:$y'(x) = \frac{\frac{\mathrm{d}y}{\mathrm{d}t}}{\frac{\mathrm{d}x}{\mathrm{d}t}} = \frac{\mathrm{e}^t(\cos t - \sin t)}{2t + \cos t}$.

2. 解：$\int_a^b xf''(x)\mathrm{d}x=\int_a^b x\mathrm{d}f'(x)=xf'(x)\Big|_a^b-\int_a^b f'(x)\mathrm{d}x$

$$=bf'(b)-af'(a)-f(x)\Big|_a^b$$

$$=[bf'(b)-f(b)]-[af'(a)-f(a)].$$

3. 解：令$\sqrt{1+\mathrm{e}^x}=t$，则

原式$=\int\frac{2}{t^2-1}\mathrm{d}t=\int\left(\frac{1}{t-1}-\frac{1}{t+1}\right)\mathrm{d}t=\ln\left|\frac{t-1}{t+1}\right|+C=2\ln(\sqrt{1+\mathrm{e}^x}-1)-x+C.$

4. 解：$f'(x)=2x+\frac{f(x)}{x}$，解之得 $y=(2x+c)x$. 又 $f(1)=1, c=-1, y=-x+2x^2$.

五、证明：$\lim\limits_{x\to x_0}[\alpha(x)-\beta(x)]=0, \lim\limits_{x\to x_0}[\mathrm{e}^{\alpha(x)}-\mathrm{e}^{\beta(x)}]=0$

$$\lim_{x\to x_0}\frac{\mathrm{e}^{\alpha(x)}-\mathrm{e}^{\beta(x)}}{\alpha(x)-\beta(x)}=\lim_{x\to x_0}\mathrm{e}^{\beta(x)}\frac{\mathrm{e}^{\alpha(x)-\beta(x)}-1}{\alpha(x)-\beta(x)}=\lim_{x\to x_0}\mathrm{e}^{\beta(x)}\cdot\lim_{x\to x_0}\frac{\mathrm{e}^{\alpha(x)-\beta(x)}-1}{\alpha(x)-\beta(x)}=1$$

所以，当 $x\to x_0$ 时，$\mathrm{e}^{\alpha(x)}-\mathrm{e}^{\beta(x)}$ 与 $\alpha(x)-\beta(x)$ 是等价无穷小.

六、解：(1) $g(4)=5+\int_2^4 f(t)\mathrm{d}t=5-\frac{1}{2}\times 1+\frac{1}{2}\times 1\times 4=\frac{13}{2}$.

(2) $g'(x)=f(x)$，f 在$[-1,1]$和$[3,4]$上非负，故 g 在$[-1,1]$和$[3,4]$单调递增.

(3) $g'(x)=f(x)=0$ 得 $x=1 \quad x=3$，

$$g(-1)=5+\int_2^{-1}f(t)\mathrm{d}t=\frac{7}{2},$$

$$g(1)=5+\int_2^1 f(t)\mathrm{d}t=\frac{11}{2},$$

$$g(3)=5+\int_2^3 f(t)\mathrm{d}t=\frac{9}{2},$$

$$g(4)=5+\int_2^4 f(t)\mathrm{d}t=\frac{13}{2},$$

g 在$[-1,4]$上最大值$\frac{13}{2}$，最小值$\frac{7}{2}$.

(4) $h'(x)=g(x)+xf(x)$，故 $h'(2)=g(2)+2f(2)=1\times 5+2\times(-1)=3$.